職場贏家

只有更好，沒有最好！

王信華 編著

Chapter 1 同一辦公室有不同的「圈」

Chapter 2 做得多不如做得對

Chapter 3 讓人舒服比做成事還重要

Chapter 4 上司的心思要用心猜

Chapter 5 下屬不達標，一定是你的錯

Chapter 1

同一辦公室，有不同的「圈」

01 不要太拿自己當回事

在人際交往中，那些謙讓而豁達的人總能贏得更多的朋友；而自尊自大、孤芳自賞的人則會引起別人的反感，最終在交往中走到孤立無援的地步。

安德森是個非常優秀的青年，頭腦聰明，在大學期間是令人羨慕的「學霸」。或許正是覺得自己太優秀了，時時感到自己「鶴立雞群」。所以對周圍的同學及教授他並不放在眼裡，因為他們講的課程對安德森來說實在太簡單了。

學業上的優秀使得安德森逐漸形成了一種優越感，因而在人際交往上常常變得極為挑剔，容不得別人有一點毛病。一次，有位同學向他借了一本書，書還回來時弄破了一點，雖然那位同學一再向他表示歉意，但安德森仍無法原諒他。儘管礙於面子，他當時什麼話也沒說，然而從那以後，他再也不願理睬那個借書的同學了。漸漸地，安德森成了其他同學眼中的「怪人」，大家不敢再和他往來。當然，這種「團體排斥」並沒有阻礙安德森在學業上的成功。

安德森的功課都很優秀，年年都獲得獎學金，還曾代表學校參加過國際性競賽並獲得了獎項。許多老師和學生都一致認為，他是一個難得的「天才」。數年寒窗苦讀後，安德森以優異的成績畢業，順利進入一家待遇優厚的大公司。他心中對未來充滿了憧憬，準備闖出一番轟轟烈烈的事業來。不過，上班後的生活遠遠不像在學校裡那樣簡單，每天都少不了和上司、同事、客戶等各種各樣的人打交道，安德森對此感到十分厭煩。原因在於，他在與人交往時仍然抱著那種挑剔的心理，一旦與人接觸就對他人的弱點非常敏感。畢竟，安德森太優秀了，很少有人能夠和他相提並論。

他對別人的挑剔越來越嚴重，逐漸發展成對他人的厭惡。他討厭那些平庸的同事、低能的上司，有時甚至說不清對方有什麼具體的缺陷，但他就是感覺不對勁。長久下來，安德森與周圍的人關係搞得很緊張，彼此都感到很彆扭。他經常與同事鬧得不可開交，也往往因一些微不足道的小事而與上司發生齟齬。

終於有一天，安德森變成一個無人理睬的閒人了。儘管他確實很有才幹，但上司卻不再派給他重要任務，同事們也像躲瘟疫一樣遠離他。最後他只好遞出了辭職書，結果馬上得到批准。隨後，安德森又到別處應徵，可是一連換了四、五家公司，竟沒有一處讓他感到滿意。這位原本前途遠大的青年，心情變得越來越苦悶，日益形單影隻。在痛苦煎熬下，他的精神逐漸崩潰，最後被送入了一家精神病醫院。

做人太把自己當回事了，就容易挑三揀四、忘乎所以、剛愎自用，並且在與人相處時會吹毛求疵。這樣的人，即便本領再高強，也不會受人尊敬、被人重用。而且，一個太拿自己當回事的人，即使不在言談之中將這種態度表露出來，其身上那種「顧影自憐」，「孤芳自賞」的氣質也是足以令許多人討厭、不悅的。因此，做人就是要放低心態，讓自己融入到平常人當中，不要刻意突顯什麼，這樣才能為自己贏得好人緣。

02

公司希望有競爭不希望有鬥爭

文倩在一家大型民營企業工作，由於各方面表現優秀，很快就成了公司的業務骨幹。公司的楊總和劉總都很器重她，並都先後送她出去培訓學習過。不久，兩位老總間發生了很大的衝突，並出現了明顯的派系鬥爭。兩位都對自己有知遇栽培之恩，被捲入這種鬥爭當中，文倩真不知如何是好。

在現代企業中，人際關係問題讓廣大職場人士飽受折磨。不管是職位升遷，抑或是利益分配，無論其出發點何其公正，都會因為某些人的主觀因素而變得撲朔迷離。就是因為這些事情，原本簡單的同事關係、上下級關係也變得複雜起來：一個十幾個人的辦公室，可以有幾個不同的派系，這些派系更會滋生出上百個糾纏不清的話題。怪不得職場老手都將辦公室比喻成戰場，在這裡，每天都進行著一場場沒有硝煙的戰爭，不管你願不願意，只要你置身其中，就身不由己。

辦公室政治沒有好壞之分，但有健康與不健康的區別。健康的辦公室政治指的是在辦公室裡，人際關係相對和諧，大部分的員工把時間與精力都用於工作，人與人之間的競爭呈現良性狀態，組織內的管理成本相對合理，資源的分配相對公平，工作效率較高。

我們無法選擇辦公室政治環境，既然身在其中，就該調整心態，正確地參與。只有我們能坦然面對職場中的派系鬥爭，每天工作輕裝上陣，不斷充實、發展自己，才能更快地取得事業的成功。我們可以採用以下幾種應對方法：

方法一：以工作為重

下屬和各個上司搞好關係可以使自己的工作更為順利地進行下去，也可以說下屬與上司之間搞好關係的目的就是為了促進各自的工作，為了創造更多更好的業績。

Chapter 1

同一辦公室有不同的「圈」

在公司裡每天都有許多工作要做，如果把精力放在應付上司之間的鬥爭上，那麼你將很難完成自己分內之事，而且還會把自己搞得精疲力竭。長此以往，將很難在工作中做出更大的成績，這對你以後的發展將極為不利。

因此，當你的不同上司之間矛盾重重並伴隨著一系列的派系鬥爭時，你不用煩惱也不必感到痛苦。要知道，這種現象是很正常的，你應當正確對待上司之間的鬥爭，不論上司之間的鬥爭激烈到何種程度，你都要以工作為重，也就是一切從工作出發，該怎麼樣就怎麼樣。為了工作，應該多與誰接觸，就和誰毫無顧忌地來往，用不著擔心另一位上司的看法。這樣，你的所作所為便顯得自然大方。

這樣一來，你是否覺得輕鬆多了呢？一切從工作出發，以工作為重，可以使你少點捲入上司複雜的派系之爭中。這樣你就可以更好地完成工作，使自己不斷創造更多更好的業績，同時你的做法也會讓上司們對你格外欣賞，他們會認為你是一個正直、能幹的下屬，而且你還不會得罪他們之中的任何一位。

方法二：等距離外交

應對兩人彼此不合的上司時，你可以採取「等距離外交」策略，就是你要與他們保持同等距離，不親此疏彼，要一視同仁。這是與這些上司相處最為明智的做法。

同一個單位中，不同上司之間總是有很多矛盾，有時這些矛盾甚至會達到很激烈的程度，各上司之間會因此而掀起大規模的派系鬥爭。作為這些上司的下屬，為了不陷入派系之爭，對待這些互有矛盾的上級要親疏有度、一視同仁。要做到這一點就要求我們在工作上對待任何上司都一樣支援，不可因人而異。

現實生活中往往有人憑個人感情、好惡出發，對某些上級的工作給予積極協助、大力支持，而對另一些上級則袖手旁觀，甚至故意拆臺、出難題，這一點是必須克服的。在組織上要一律服從，下級服從上級是一項組織原則。有些人對一些與自己有矛盾分歧和自己不喜歡的上司不理不睬、說話不聽、交事不辦，甚至公開對抗。這樣做是違背組織原則的。

如果你在這些矛盾衝突中，只對一方負責，就未免患了「近視」，這是典型的「短期行為」。在古代封建社會有「一損俱損，一榮俱榮」的現象，這種情況如果發生在今天當然是不正常的。但是，應注意的是，如果你陷於一種矛盾漩渦中不能自拔，不是妥善地去處理各種關係，而是「剃頭的挑子一頭熱」，那麼一旦情況發生了變化，你很快就會處於極為不利的境地，你過去取得的優勢說不定就將成為置你於死地的利器。

方法三：堅持三「不」原則

面對公司內的派系鬥爭，一個人很難保持中立，想做到兩邊不得罪，最後往往兩邊都得罪了。其實，問題在於怎麼看「得罪」二字。如果你所做的對得起職位、對得起自己，而對方又恰好不能捅破窗戶紙、拿你開刀，那來個「難得糊塗」又有何妨？這裡提供一個三「不」原則——不介意、不參與、對事不對人。

其中，「對事不對人」是指保持平常心，一切從工作出發，從組織利益出發，按公司的規則和程式來判斷、處理工作中的是是非非。一般來說，對待上司，下屬要服從，但非盲從；要忠誠，但非愚忠。很多時候，他們之間的意見差異只是方法、手段的差異，並非目的不一致。即便目的、手段有分歧，也應按公司規定的程式，讓高層自己去解決。

如果你有問題，不必憋在心裡，最好問問自己的直屬上司。如果直屬上司的話也令你不解，那就直接向發令者詢問：「老總，您的意見好像跟副總的不大一樣，您看我怎麼跟他解釋呢？」如果公司內的派系鬥爭確實令人身心疲憊、不開心，那就不要留戀「不錯的待遇」，早點另謀高就吧，此處真不宜久留。

需要提醒的是，切忌因為怕被捲入上司的紛爭之中而不敢放開手腳去做自己的工作。如果縮手縮腳地行事，那麼你不但不能完全地置身於事外，同時還可能失掉建功立業的大好時機。切忌為了升官而主動地、有意識地投入到上司的派系矛盾紛爭去，以期撈取好處。

03 你入圈子就等於掉進了圈子

明華畢業後應徵到一家著名高科技企業從事生產工作，不久上司發現他思維敏捷、文筆流暢，對工作管理很有一套。因此，非常欣賞他，認為他是個管理人才。於是就調他去辦公室從事行政部門工作。

明華本來就是一個個性直爽，不拘小節的人。加上剛進入社會，思想單純，和辦公室裡任何人都稱兄道弟，心裡不藏話，有什麼說什麼，和人打的一團火熱。他覺得自己「混」得不錯，可是後來年終評比加薪時，他竟然一票未得，這讓他困惑不已。

其實，明華犯了一個錯誤，這個錯誤也是剛踏入職場新鮮人經常犯的，那就與同事們相處時不注意保持距離。同事和同學不一樣，因為同事都是成年人，有各自的思想和隱私，有時候同事們之間還會存在利益衝突。

隨著市場經濟的發展，在一些部門和企業，追求工作成績，希望贏得上司的好感，獲得晉升，以及其他種種利害衝突，使同事間存在著一種競爭關係。這種競爭在很大程度上摻雜了個人感情、好惡、與上級的關係等等複雜因素，所以與同事相處時要注意不能過於隨便。要注意以下幾點：

一、同事間不可隨便交心

在下班後與同事一起喝杯酒，聊聊天，不但有助於日常工作，還可能知道其他一些有關的消息。因此，單位舉辦的各種聚會，自然要參加，與同事打一、兩場「社交麻將」也有必要，但有一點要記住，切不可隨便交心。因為同事之間只有在大家放棄了相互競爭，或明知競爭也無用的情況下，才會有友誼的存在。

二、閒聊應保持距離

在辦公之餘，同事之間在一起閒聊是一件很正常的事情；但在任何場合下閒聊時，不求事事明白，問話適可而止，這樣同事們才會樂意接納你。

三、不要口無遮攔

「為什麼ＸＸ總是和我作對？這傢伙真煩！」、「ＸＸ總是和我抬槓，不知道我哪裡得罪他了！」……辦公室裡常常會飄出這樣的流言蜚語；要知道這些流言蜚語是職場中的「軟刀子」，是一種殺傷力和破壞性很強的武器，這種傷害可以直接作用於人的心靈，會讓受到傷害的人感到非常厭倦不堪。

要是你非常熱衷於傳播一些挑撥離間的流言，至少你不要指望其他同事能熱衷傾聽。經常性地搬弄是非，會讓公司的其他同事對你產生避之惟恐不及的感覺。要是到了這種地步，相信你在這個公司的日子也不會太好過，因為已經沒有人把你當回事了。

有的人在白天工作時受到上級無理的批評後，喜歡晚上約個同事小喝一杯，然後對著同事發牢騷，認為同事既然會和自己喝酒了，應該是站在自己的這一方，借著酒氣，對上級大肆抱怨起來。類似這種事情一定要避免。

薪水階層的社會是一個競爭的社會，不論多麼值得依賴的同事，當工作與友情無法兼顧的時候，朋友也會變成敵人。在同事面前批評上級，無疑是自己給別人落下把柄，有一天身受其害都還不明白是怎麼回事。

04 兩虎相爭時既不向左也不向右

美國總統大選期間，基辛格打了一通電話給尼克森的競選團隊，十分明確地表示他可以向尼克森陣營提供寶貴的內部情報，尼克森團隊當即高興地採納了他的提議。

在這次競選中，洛克菲勒也是其中的競選人之一，但他失敗了，而基辛格一直都是洛克菲勒的盟友。

與此同時，基辛格也向民主黨的提名人韓福瑞表示了他的這種意願，韓福瑞要求他提供尼克森那邊的內部消息，以便能夠與尼克森抗衡。基辛格就把尼克森的一切也全盤托出了。

也許人們會認為基辛格是個兩面三刀的政客，但其實基辛格的目的就是要獲得國務卿這個位子，一切的手段都著眼於此。而尼克森和韓福瑞都答應了給他這個位子，因此不管誰獲勝，基辛格都將從中獲利，得到他想要的位子。

最終勝利者是尼克森，基辛格自然也如願以償地當上了國務卿，但他仍然小心翼翼地與尼克森保持著一定距離。

因此當福特上臺時，原本與尼克森非常親密的人都被迫下臺時，唯獨基辛格又繼續成了福特的官員。他正是因為先前與尼克森保持了適當的距離才倖免於難，繼續在動盪的年代裡叱吒風雲。

作為下級，要想在單位中求生存、發展，就必須做好與上司團體中每個成員的關係。以下兩點是需要注意的：

一、做到「等距外交」

「等距外交」的意思是指無論在工作上或生活上，你與所有的上級大致保持等距，大都處於關係均衡狀態。做到這一點其實也並不難，只要你能按照以下幾方面要求去做就可以了。

為了實現等距外交，你首先要從工作出發、從大局考慮、從發展著眼，努力與不同水準、不同風格的上級搞好關係。要擁有平等待人的思想作風、善於容人的氣度胸懷、求同存異的價值標準。對每個上司在態度上同樣尊重、友好、不卑不亢。要善於控制自己的情感狀態，不以個人的喜惡作為評價上級的標準，對所有的上級都努力做到以禮相待。

不越級越位請示、匯報工作。凡事都找大老闆，也會搞得他很為難，而直接負責的上級知道後，不僅會影響他們之間的關係，你以後的工作也就更無所適從了。所以應當善於權衡利弊，儘量爭取直接負責的上級支持。

二、正確對待上司之間的矛盾衝突

一般而言，採取中立的態度是可取的。也就是說，進行一種等距離的工作方式，跟誰都不過分密切。

或者說，完全從一種純工作的角度著想，沒事儘量少與上司們打交道，特別要注意不讓其中一個上司認為你是另一個上司的人。

需要注意的是，千萬不要陷入這些矛盾衝突中，不然不但會在無謂的紛爭中浪費自己的精力，而且會在兩敗俱傷中使自己受到牽連。

05 獨善其身才不會大禍臨頭

同事、上下級之間的是非最好離自己遠一些，不然，常在河邊走，難免會濕鞋。

在職場上，同事之間存在競爭的利害關係。追求工作成績和報酬，希望贏得上司的好感，獲得升遷，以及其他種種利害衝突，使得同事之間不可避免地存在著某種緊張的競爭關係。而這種競爭往往又不是一種單純的真刀實槍的實力較量，而是摻雜了個人感情、好惡、與上司的關係等十分複雜的因素。

實際上，這也是一種「運動會」，表面上大家同心同德，平平安安，和和氣氣，內心卻可能各打各的算盤。

例如，兩位經理大鬥法，你是中間人物，應該如何應付呢？

最大的可能性是，兩人都希望拉攏你，卻又不能太露骨在言詞上表達或在工作上給你甜頭，聰明的你當然明白其用意。但同時，你不可能一直裝蒜下去，必然要表明立場，否則會被視為兩面派，那就更不妙了。

同事之間紛爭會有各種各樣雞毛蒜皮的事情發生，各人的性格優點和缺點也暴露得比較明顯。每個人行為上的缺點和性格上的弱點暴露得多了，就會出現各種各樣的瓜葛、衝突。這種瓜葛和衝突有些是表面的，有些是背地裡的；有些是公開的，有些是隱蔽的。

種種的不愉快交織在一起，便會產生各種問題。在單位，待人刻薄和熱衷於算計的人都或多或少地存在，這樣的人越多，人際關係就越複雜。

在同事之間，也不可避免地會出現或明或暗的競爭。表面上可能相處得很好，實際情況卻不是這樣，有的人想讓對方工作出錯，自己可有機可乘，得到老闆的特別賞識。

同事之事傳播流言蜚語，是帶有很大危害性的，它能蒙蔽一些人，導致人們做出錯誤的判斷和決定，甚至會妨礙前途。

Chapter 1
同一辦公室有不同的「圈」

聰明的人，很看重自己的利益，如果和自己無關，就算天崩地裂也和自己沒關係。對別人之間的是非恩怨，一定要遠離。無論對同事還是上司都應做到不趟渾水，不急於表態。

06 辦公室絕對是一個名利場

在現代企業中，員工之間的人際關係問題讓廣大職場人士和企業經理人「飽受折磨」。不管是分工合作，還是職位升遷，抑或利益分配，無論其出發點是何其純潔、公正，都會因為某些人的「主觀因素」而變得撲朔迷離，糾纏不清。

隨著這些「主觀因素」的漸漸蔓延，原本簡單的同事關係、上下級關係變得複雜起來：一個十幾個人的辦公室，可以有幾個不同的派系，更可以有由這些派系滋生出來的上百個糾纏不清的話題。習慣於不動聲色、波瀾不驚的職場老手，將辦公室比喻成戰場，在這裡，每天都進行著一場場沒有硝煙戰火的較量，不管你累不累，願不願意，只要你置身「江湖」，就「身不由己」。

在一個公司裡待的時間越長，就越容易滑進「派系」中，像樹那樣，很自

Chapter 1

同一辦公室有不同的「圈」

然地就分出了枝杈。你是誰招收進來的，在誰的手下工作，又或和誰是校友或者同鄉，甚至彼此有一、兩樣共同喜好的娛樂，都可以成為你被分門別類、歸入某個「派系」的標籤——其人家才不管你跟上司、師兄師姐或者玩伴是不是真的「情投意合」呢。

莫名其妙地當了某「派」、某「系」的人倒也算了；最怕「一榮俱榮」時，像坐「雲霄飛車」時的感覺一樣，心裡不踏實；更怕「一損俱損」之時，自己「死」得太冤枉！

聚眾結黨，從表面上看來，與「團結」差不多，只是一貶一褒而已，然而褒貶之間卻大有學問。團結，就是不分派系，不講親疏，大家和睦相處，同心同德。聚眾結黨卻是和一部分人關係特別親密，和另一部分人則相當疏遠甚至敵視。聚眾結黨是以團結的形式出現的不團結。聚眾結黨又分「在朝」與「在野」兩種情況。「在朝」就是有「當權者」參加的聚眾結黨，也就是派系。不論從哪一種動機出發，參加派系都是不理智的。

當然，感情用事也應該避免。作為員工，該培養的是自己的工作能力，而不要去投入哪一幫哪一派。

日本一位著名的實業家回憶他年輕時的情況說：「公司派給我們的工作都還沒徹底學好，還扯什麼派系？又怎能判斷哪個老闆主張是對的，或是不對？貿然歸屬於某一派系，不等於賭博嗎？我只要好好做本分的工作，好好培養實力，派系與我何干！」

「在野」是沒有「當權者」參加的聚眾結黨，往往是企業中某個有才幹但鬱鬱不得志的人，因為他聰明能幹，又待人熱情，肯於打抱不平，自然而然有了威信，周圍便聚了一群「小兄弟」。

這種聚眾結党，老闆是最頭痛的，對加入其中之人也絕不會有什麼好印象。因為他們即使沒有與老闆對立的意思，但老闆的看著他們「抱」作一團，心中也總不是滋味。

在公司裡，由於你與幾位同事合作比較密切，又比較談得來，於是你們幾個人便經常聚在一起。久而久之情誼越來越深，工作上也只為你們幾個人的利益考慮，把公司利益放在一邊，甚至為了你們的小集體的事而違反公司的規章制度。就這樣，在公司其他同事的眼中，你們形成了一個小幫派。

你可能還在為自己的好人緣而高興，只要你仔細觀察一下，就能發現老闆不喜歡那些搞小幫派的人。如果與他們走得太近，你可能就會受到牽連，你必須從小幫派中退出來，因為在辦公室形成小圈子，容易引發圈外人的對立情緒，這樣自己反而變得更被動。

除此之外，在小幫派裡的人應酬較多，私人事務也增多，很難抽時間加班或學習專業技能。如果在一個辦公室，他們可能會在上班時間聚在辦公室聊天。所以，在工作中，你一定要注意，千萬不能加入已經形成的小幫派，否則，你在公司裡的發展前途就基本結束了。

當然，不搞小幫派並不是反對你與人交往，而是要你在公司裡建立起正常和諧的人際關係。一般，你要注意以下幾點：

◆公私分明——與同事相處，特別要注意公私分明，不能因為跟誰關係好而在公事上帶有感情。即使關係好的幾個人同在一個辦公室，上班時間也要公事公辦，不要經常粘在一起聊天說閒話。

◆團結為重——當你因工作上的事受到上司的批評後，不管上司是對是錯，你都不能因一時之氣與關係較好的人煽風點火，聯合起來對抗上司，而要把團結放在第一位，儘量緩解同事與上司之間的緊張氣氛。

◆擴大交際範圍——在公司裡，你不要把自己的交往物件只限定於三五個同事，而應與公司的所有員工都建立起良好的關係，樂於幫助他們，傾聽他們的心聲。這樣，你就不會被別人誤以為在搞小幫派了。

處理好人際關係，可以提升你在公司裡的名望和地位，吸引老闆的目光，為你的發展鋪平道路。所以，說穿了不論能力強還是弱，在同事之間最好來個「等距離交往」，不要顯出親密疏遠來，以免給人聚眾結黨的感覺。

07 辦公室戀情要拿捏適度

辦公室素有「培養愛情溫床」的稱號，男女同事在一起久了，難免會產生超越正常同事感情更深一層的情感，這就是愛情，但是辦公室畢竟不是戀愛場所，所以辦公室戀情也有它自己的法規。

如果你和同事確實兩情相悅，而你的公司又沒有不允許這種情況發生的禁令，那麼無論從愛情還是事業的角度，這都是一件好事。可是另一方面，一旦你們處理不好這種關係，就會產生感情上的麻煩，甚至引發法律糾紛。

愛情不是一帆風順的，有時愛情已經結束，兩人卻不得不繼續在一個空間裡工作，這是最讓人難堪的事。不僅當事人感到不自在，其他同事的情緒也會受影響。

美國人力資源管理協會前任主席兼首席執行官海倫・德里南認為：「異性同事之間產生戀情是極其自然的事。」畢竟，在工作場所中尋找伴侶是完全符合邏輯的，正如成長期的少男少女總是把校園作為愛情的試驗田一樣。有人最近在全美範圍內對一千名公司職員做了調查，結果顯示，四十七％的人曾經有過辦公室戀情，而十九％的人如果有機會也願意嘗試辦公室戀情。

當愛情不可避免的時候，講究恰當的策略，規範雙方的行為有助於降低潛在危險發生的幾率。當你拿不準情況的時候，就老老實實按照公司制定的相關規則行事，越謹慎越好。如果身為老闆的你想和員工約會，那麼你將不得不首先考慮你作為管理者的地位。

注意，別讓愛情影響了你的工作效率。在公司不要有明顯的示愛舉動，比如接吻、牽手、互相凝視，即便在通往辦公樓的路上或是在電梯裡也應避免這樣的情況發生。在公司的餐廳裡，不要和對方同吃一個盤子裡的菜。彼此之間不要使用諸如「親愛的」、「甜心」、「蜜糖」、「寶貝」之類的愛稱，最好也不要使用暱稱，特別是當你的公司規定員工間必須使用正式稱呼時。如果你的心上人是你的老闆或雇員，應該盡力避免偏袒的嫌疑。還要學會未雨綢繆，一旦愛情冷卻且不能再和昔日戀人共事，你要能夠全身而退。有時候，戀愛的一方或雙方會主動提出換個環境，儘管看起來他們和其他同事、老闆或下屬之間仍然保持著很好的關係。

除此之外，對辦公室戀情處理不當而導致的惡果還包括：當你工作的環境中充斥著關於你和你的異性同事的流言飛語時，整個工作團隊的凝聚力將受到影響。還有，如果老闆和員工發生了戀情，別的員工可能會指責老闆給自己的心上人開後門。

所以，面對辦公室戀情，你一定要在心裡有一個尺度，要把握到位，千萬不可做越位、出格的事。只有正確並謹慎對待自己的愛人，才能在辦公室裡更好地保護自己的愛情。

08 不懂政治智慧就玩不轉職場

近年來，一個新的詞彙——「辦公室政治」成為人們的日常用語。所謂辦公室政治，當然不是指社會政治，而是對職場人際關係的一種比擬。但是，在職場上，人際關係的複雜性，利益衝突的激烈程度，手段上的圓滑多樣和無所不用，絲毫不比真正的政治鬥爭遜色多少。

雖然，利益上的衝突是哪兒都存在的，但是在職場中，這種種爭鬥卻總是表現得更直接、更激烈。很多時候，你不得不對周圍的人都保持戒心，因為你不知道，在那些熱情洋溢或彬彬有禮的面孔下，到底蘊含著什麼真實的目的。

玉楠剛到某國際知名的大公司的時候，充滿著對未來的憧憬。她畢業於明星大學，氣質好，自小便是眾人矚目的焦點。憑著自己熟練的英語，扎實的專業基礎，她對自己的未來充滿了信心。果然，她剛開始工作沒多久就嶄露頭角，參與了兩個大型專案設計，得到了總經理的稱讚。

但是她的好心情沒能夠持續多久。原來，她這個部門的經理和副經理不合，兩人經常明爭暗鬥。底下的員工也隨之分成了涇渭分明的兩派。對於既有能力又有人緣的新人玉楠，雙方都極力拉攏。玉楠夾在中間左右為難，只好誰也不得罪，結果反而導致了雙方的不滿，在工作中處處受阻。在苦苦支撐了一年之後，她不得不黯然離開。

玉楠是典型的辦公室政治的犧牲品。能夠在複雜的辦公室政治中遊刃有餘的人畢竟只是少數，大部分的人還是像玉楠一樣採取逃避的態度。

那些在辦公室中興風作浪的人都是諳熟於偽善、保密、暗中交易、散佈謠言、奪權、謀私、拉幫結派等技巧的人。他們勇於內鬥，為爭取自己的權利不擇手段，而不鼓勵高效健康的團隊合作精神。許多正直的人對他們的行為覺得氣憤，卻往往想不出什麼對策。正如一位員工所說：「他總能得到老闆的賞識，每一次的升職加薪都有他的份，你看他公開支持老闆時的那付虛偽的嘴臉，噁心得令人想吐，我相信那肯定是有效的，但我做不出來。」管理層對這樣的人往往也是心態複雜。

一位管理者說：「我知道他是一個惡棍，但我離不開他。老實說，我寧願重金收買那種傢伙也不願意給他提供一個好的晉升機會。」而另一位管理者則如是說：「我知道他不是最好的，但我能夠依靠他來支持我，而且叫他做什麼就做什麼。」

這樣的人無處不在。事實上，人是複雜的，誰能想到別人下一分鐘會不會成為你前進的絆腳石呢？然而，我們雖然無法預測，但是卻可以事先預防，以盡可能地減少自己的阻力。這便是正確地去處理人際關係。

「辦公室政治」雖然是個被人蔑視的名詞，但在西方社會，辦公室政治已經成為一種文化，是一道龐大的社會課題。

事實上，人們對「辦公室政治」關注已久。關於這方面地研究和討論業已進行著。在網路上輸入「辦公室政治」一詞，能搜索出無數個相關結果。「辦公室政治」正面的定義是：能為生意和事業帶來巨大、意想不到的好處的人際

同一辦公室有不同的「圈」

關係網路。

在美國，有專門以「辦公室政治」為主題的圖書館，有專門研究「辦公室政治」的博士，有處理「辦公室政治」的慈善組織，它是大學裡的一門專業課，是大眾媒體歷久常新的話題也是心理醫生們最賺錢的一門生意。

辦公室政治無處不在。正如就此專門撰寫文章的美國專欄作家吉爾・弗蘭克女士所說：「『辦公室政治』是數百萬包括我自己在內的雇主和雇員每天要處理的事情，它圍繞著一些動態的事件展開，它是可以被你征服的，但你必須學會把一個糟糕的狀態看作是一個機會，而不是當成一個障礙。」

美國心理學博士羅伯特・沙米安托認為，「辦公室政治」就像人吃飯、睡覺一樣，是一種生理現實，是人的本性，比如人們總是不自覺地偏向於那些他們瞭解的、喜歡的和信任的人，儘管他們也在努力地維持不偏不倚。羅伯特博士指出，那些選擇遠離「辦公室政治」的人，並不是因為他們不懂搞「政治」，不想參與「戰爭」。他們只是嫌麻煩，不想做而已。但有時候，「戰爭」是會找上你的，它看見你坐在它要經過的過道上。所以，在「辦公室政治」中生存，是每一個員工都必須面對的問題。

那麼，怎麼樣才能更好地在辦公室政治中生存呢？下面我們將介紹一些過來人的看法、一些專家的觀點，具體討論如何建立良好的人際關係的問題。

一、過來人的告誡

無論在哪裡，總是不難找到不堪應付錯綜複雜的「政治」的失意者。當然，他們中間也有一些人痛定思痛後總結出了一些有益的經驗。作為過來人，他們的意見還是值得我們一聽的。

◆不要輕視你所在的公司——即使你清楚地知道這家公司有許多做得不妥當的地方，即使你腦子裡面有很多關於改進公司辦事方法的想法，也不要輕易說出來，老闆叫你說你也少說為妙，因為你的滿腔熱情在老闆眼裡有可能變成你對公司不滿的證據，你只要好好做自己分內的事就好。

◆不要輕易相信你的同事——即使你的同事天天和你在一起對你微笑。小王到現在都不知道是誰對他的前上司和老闆打小報告，說他傲氣，工作上難以配合。其實他不是驕傲，他只是對陌生的環境和陌生的人笑不太出來，不想為陌生人浪費他週末的時間參加所謂的公司活動。

◆不要經常遲到——特別是在那些不打卡的公司更不要常遲到。在有制度的公司，遲到多久就扣多少工資是有章可循的，你遲到多久也沒有人指責，因為大家都知道會有扣工資的懲罰在等著你；但是在沒有制度的公司就要靠人說話了，即使你只遲到了五分鐘，只有一、兩次，也會被誇張被扭曲，而且你還沒有解釋和申辯的權利，因為你沒有證據，也沒有因此受到懲罰，所以你必須接受工作不認真的結論。

◆不要以為上司像你的朋友一樣——當他給你的工作壓力過大、做不完時，你除了加班之外別無選擇，千萬不要向他表示不滿，因為他極有可能是一個睚眥必報的小人。最可悲的就是，你加班完成了工作，但就因為你與他爭吵而被上司視為眼中釘肉中刺。永遠不要忘記，你的工作總是在你上司的掌握之中。

◆儘量愛你的工作——把工作當成自己生活的一部分，因此儘量使自己工作的八個小時過得開心一些，這樣才會出成績。

二、人力資源專家的建議

◆幫助對方成功——在與同事相處時，預先設想對方在工作（甚或私人生活）上可能遭遇的困難，提醒並盡可能幫他解決，以助其成功。

◆表現忠誠——時時處處替公司著想，碰到有人攻擊時，挺身而出幫公司解釋，化解尷尬。遇到外人攻擊公司的產品或經營方式時，找出資料加以澄清等，都能適度地表露自己對公司的重視及忠誠。

◆建立誠懇的溝通模式——適當而具體的稱讚，絕對是利人利己的。如果要表達不同的意見，請用「為了使你（您）的想法能落實得更順利，我建議這麼做……」來消除敵意，建立互信溝通模式。

◆發展適宜的公私關係——如果有合適的機會，跟主管一起打球，或是邀請對方參加私人聚會，都是建立私交的好方法。畢竟多一分接觸，就多一分情誼。但是，也要掌握分寸，別搞過頭。球友一旦回到辦公室，仍舊是你的上司，不要忘了角色轉換。

◆辦公室政治不等於鬥爭——不管在不在行，喜不喜愛，當你坐在辦公室時就已不知不覺地走進政治了。辦公室政治活動的目的是為了獲得以及保障自身的權利，所以，除非你一點也不在乎自己的權利（以及權益）是否受損，否則，總要或多或少地用心經營。

三、千萬不要誤踩「政治地雷」

有些舉動絕對有害於你的政治表現，請提醒自己千萬別誤踩以下「政治地雷」。

◆對你的上司輕視傲慢——不論是私底下，或是在公開場合，對你的上司表現傲慢輕視的態度，只會反過來傷害到自己。打斷老闆的笑話，公開糾正他的錯誤，以及質疑他的決心等，都是標準的不智之舉。

◆越級報告——有些企管專家認為越級報告是有效的「向上管理」策略。然而，多數證據顯示，這樣很可能會跟頂頭上司結下梁子。所以先行報告，得到上司的諒解後，再與高層主管溝通，是最正確的政治動作。

◆公開挑戰公司的信仰——每個公司都有一些深信不疑的價值觀及信念，如果你公開批評這些信念，很容易被貼上「不忠誠」的標識。

◆接受不應得的功勞——不管怎麼說，搶功就是不對。領導者搶屬下的功，會扼殺員工士氣；搶同事的功，擺明著要樹敵；而搶上司的功，則是找死。更何況，這動作一點都不優雅。

◆隨意「真情告白」——有些人一點話都藏不住，見到人就大吐苦水「我待在這個部門真是倒楣……」，要不就是背後批評「我們那個經理啊，真是糟透了……」，如此不挑對象的「真情告白」，只會讓自己的形象受損，更可能因遇人不淑，而送給他人一個自己不適合這個工作的理由。

09 不跟老闆身邊的紅人爭道

有些人認為，在公司裡只要盡心盡力，取得業績，贏得老闆的賞識和歡心，加薪提升便指日可待了。因此把那些老闆身邊的心腹不放在心上，他們認為這些人的職位不怎麼高，權力也不怎麼大，跟自己沒什麼直接關係，沒必要認真地重視他們，只要不得罪就行了，殊不知，這樣一來，讓自己走了不少彎路。下面有一個聰明人的例子，以供辦公室人士學習、借鑑。

立德才剛滿二十六歲，就已經是部門主管了，而且很有發展前途。一到各部門主管開會的時候，他總是先聽，然後才發表自己的意見，既中要害，又顯得謙虛，令人嘆服。

公司裡的老闆對他十分欣賞，對他提出的意見和建議十分重視。可是他對老闆十分恭敬之外，對老闆的得力助手——管人事的副總卻出人意料地親近。逢年過節，必然登門拜訪，且總要拎上一點家鄉的特產。

大家覺得很奇怪，老闆是個難得有魄力、知人善任的人，而那副總明明是一個本事不大，心眼卻不少的人，他為什麼一個勁地對後者好呢？於是有親密的朋友去問他，他說，副總雖然沒多少業務方面的本事，但他的心眼都用在為人處事上，他不一定能起什麼好作用，但如果在背後給你扯點後腿，你也吃不消呀。我之所以和他那麼好，就是希望他不要在背後給我做手腳，那就謝天謝地了。結果那位管人事的副總對立德也很好，他經常向立德通報一些情況，兩個人處得也不錯。

生活中我們已經形成了一種心理定式：那就是什麼人受人尊重，有能力，有學問，有頭腦，有良好的品德，我們跟他比較親近。而如果什麼人專門鬥心眼，一心鑽營，我們往往躲著他們，疏遠他們，結果是自己給自己設置絆腳石，只好跌跌撞撞地走在艱難的謀職路上。

這個小夥子做得對，很多老闆身邊的「紅人」，如上級的副手，親人，太太等，都是「紅人」。雖然他們沒有決策權，但卻十分知情，對老闆有很大的影響力。在工作中，我們固然要認真做好本職工作，同時也要給「紅人」讓道，別讓自己不明不白地倒下。

「紅人」古今都有，三國時的曹丕是曹操的大兒子，他和自己的弟弟曹植爭奪太子的寶座。曹植自恃文才過人，父親又重才勝過一切，便不拘小節，違背曹操的意願。

曹丕自知文才不如曹植，便極力拉攏曹操身邊的紅人，為自己出謀劃策。這些謀臣也多為曹丕美言不已。

曹丕尊敬一切父親身邊的人，順利地走上了從政之路，據史書記載，他還是一個很有政績的帝王。現在看來，曹植過於誇大父親的作用。他以為父親是說一不二的一國之主，只要父親喜愛自己，就不必顧及其他人了，因此失掉一展抱負的機會。

曹丕就比較聰明，他調動了父親方方面面的「親信」為自己說話，終於登上了皇位。

老闆身邊的「紅人」比老闆更需要尊重和理解，他們雖然不能說一句頂一句，但有自己的圈子和能量，千萬不要低估，更不能迴避，否則容易產生一些不必要的誤會。如果他本身並沒有多少值得敬重的地方，就更要敬他三分了，免得牽動他敏感的神經。

10 學會讓對手幫你打敗對手

有時候，我們會遇到很強的對手，甚至不止一個。這種情況下，如果選擇硬拼，無非是在以卵擊石。可是，我們又不能坐以待斃，這就需要在戰略上懂點心眼兒了。諸多事實證明，如果對手很強大或很多的時候，離間計可以讓對手內部或不同對手之間相互猜忌、相互打鬥，而自己，則可袖手旁觀，坐收漁翁之利。

下面，我們就一起來看看中國歷史上著名的「離間計」案例：

楚漢戰爭時，項羽與劉邦之間爭鬥不息。項羽「力能扛鼎，才氣過人」，在戰爭初期以西楚霸王的名義號令諸侯，兵多將廣，更兼善戰，處於優勢地位。劉邦「仁而愛人，喜施，意豁如也」，雖勇不及項羽，地不如楚多，但他能採納部下建議，分化項羽同盟，故常能敗而複振，逐漸化劣勢為優勢。

西元前二〇五年，劉邦趁項羽東征田齊之時，率兵五十六萬伐楚，一舉攻克楚都彭城（今江蘇徐州市）。項羽得知，親率精兵三萬回援，連續作戰，收復彭城，驅趕漢軍，竟連連斬獲漢軍二十萬。劉邦慌忙逃竄，在途中竟將子女推下戰車，老父也被項羽俘虜。劉邦逃至滎陽，所幸靠蕭何等徵發關中老弱全數趕來，方才穩住陣腳。

劉邦一面用陳平的離間計來離間項羽唯一的謀士范增，一面聽從張良的計謀，趁項羽同盟九江王英布、魏相國彭越與項羽「有隙」之時，利誘彭越，使他在楚後方絕楚糧道；派使者隨何前去九江遊說英布。英布此時與項羽雖有矛盾，但畏懼項羽強橫，還不敢與項羽為敵。隨何憑三寸不爛之舌，說得英布心動，但英布仍然狐疑不定。

於是，隨何借楚使者前來九江催英布發兵之時，公開英布與漢有謀的事實，迫使英布最終下定反楚的決心。這樣，項羽分兵去攻打英布，減輕劉邦的壓力；英布兵敗來投劉邦，也只能死心塌地助漢攻楚。劉邦不斷地削弱項羽的同盟，擴大自己的同盟，這是成功地應用借刀殺人之計的擾其同盟，借對手狐疑而削弱對方的手法。

找到縫隙，挑起對手內部的矛盾，就等於把對手的實力一分為二，而且這被一分為二的實力還極有可能互相爭鬥、兩敗俱傷，那麼自己可不費吹灰之力贏得勝利。

可見，面對強勁的對手不必慌張，運用離間的藝術，讓對手親者痛、仇者快，互相猜忌提防，甚至互相攻擊，互相消耗力量，不僅是極高的智慧，也是最省時省力的取勝手段。

11 與弱勢對手結盟成就強勢地位

槍手博弈中，你可能已經發現：在這場生死決鬥中，槍手乙和槍手丙似乎達成了某種默契，在甲被殺死以前，他們相互間不是敵人，也即在丙和乙之間達成了一個攻守同盟。

這不難理解，畢竟人總要優先考慮對付最大的威脅，同時這個威脅還為他們找到了共同的利益，聯手打倒這個人，他們的生存機會都會上升。其實，這一策略歷史上很早就有人用過。

據《史記》記載，秦始皇稱帝后第五次巡視全國各地，隨行的有丞相李斯和中車府令趙高。秦始皇有二十幾個兒子，但只有十八子胡亥被允許同行，因為他深受秦始皇喜愛。這次巡視東至會稽，渡江至琅玡，再取道西返。

七月，車駕至平源津，秦始皇病重。由於他忌諱說死，群臣誰也不敢談論死的事。至沙丘平臺，他病情嚴重。他自知不能治癒，於是命令趙高擬定詔書給長子扶蘇，要扶蘇把軍務託付給蒙恬，速回咸陽辦理喪事。詔書寫畢，還來不及封口交給使者，秦始皇就去世了。

趙高拿了秦始皇的玉璽和遺詔，心中感到十分沉重。當時知道遺詔內容的只有李斯、胡亥和他三個人，其他的大臣一概不知。因為秦始皇死在出行的路上，立太子的事未定，丞相李斯恐天下發生動亂，就命令祕不發喪。每到一地，按例進膳，朝廷百官照樣還要報告政務，親信宦官就在車中假託皇帝命令批覆百官的奏本。

趙高曾經是胡亥的老師，教給胡亥「書及獄律令法事」，兩人關係密切。趙高原是趙國國君的遠親，自幼受宮刑，長大後進宮當宦官。他曾經犯大罪，秦始皇命蒙毅去審理，秉公執法的蒙毅判趙高死罪。秦始皇因趙高辦事比較幹練，又精通刑獄法令，所以就赦免了他。

這時的趙高擔心如果按秦始皇所雲讓公子扶蘇即位，與扶蘇關係密切的蒙恬、蒙毅兄弟就會得到寵信，並對他不利。這個時候，扶蘇成了趙高的最大敵人。為此，趙高策劃了一場奪嗣的爭鬥，決定把胡亥推上皇位。

趙高扣下皇帝的信件，遊說胡亥道：「皇上駕崩，沒有遺詔封諸皇子為王而只賜信給長子扶蘇。扶蘇一到咸陽，就將即帝位。公子你卻無尺寸之地可以立足，你想過該怎麼辦嗎？」

胡亥說：「賢明的君主瞭解大臣，賢明的父親瞭解兒子。我還有什麼好說的？」

趙高面露一絲奸笑說：「現在皇位的歸屬取決於你、我和李斯三人，希望公子要抓住機會。『臣人與見臣於人，制人與見制於人』，怎可同日而語呢？」

胡亥對趙高的奸計心存恐懼，但皇位對他的誘惑實在太大了，也就不管那麼多了，最後只是有點擔心：「現今父皇的遺體還在路上沒有發喪，此事怎麼對丞相說呢？」

趙高雖然也把李斯當做一大對手，但是在眼前的情勢下，他知道沒有丞相李斯的支持，他的陰謀是無法得逞的，遂去勸說李斯。

李斯起初還以忠於君事自命，但趙高曉之以利說：「無論才能、功勞、謀略、聲望以及和扶蘇的私人情誼，你李斯哪一點比蒙恬強？公子扶蘇即位，必定寵信蒙氏，以蒙恬為丞相。這樣，你的榮華富貴不僅沒有了，而且你的子孫也將會受到傷害。只有公子胡亥，人非常仁慈可愛，輕錢財，重人才，在始皇的所有公子中沒有誰比得上他。我認為繼承皇位的應該是他，所以我特地來和你商議，把誰即皇位定下來。」

出於對共同利益的考慮，李斯終於被趙高說服，同意照趙高的意思辦。三人狼狽為奸，對外宣稱李斯接到始皇的詔書，立胡亥為太子。而原先處於強勢地位的扶蘇最終在趙高和李斯的攻守同盟中落敗。

這種與競爭對方合作從而在多人博弈中取勝的策略，在職場、談判場、商場及人際圈中均適用。例如，可口可樂和百事可樂，在一般消費者看來，他們是飲料市場上兩個水火不相容的對手，兩家的市場競爭也可說是你死我活，似乎每家都希望對方忽然發生重大變故，而把市場份額拱手相讓。但是多年來，這種局面讓每一家都賺了個盆滿缽滿，而且從來沒有因為競爭而使第三者異軍突起。

其實我們認真分析一下就會發現，這兩位飲料市場的龍頭老大，實際上在進行著一種類似於劍客丙和乙之間的攻守同盟。他們真正的目標是消費者，以及那些虎視眈眈的後起之秀。只要有企業想進入碳酸飲料市場，他們就必須展開一場心照不宣的攻勢，讓挑戰者知難而退，或者一敗塗地。

12 漁翁得利，看著熱鬧撿便宜

在「槍手博弈」中，槍手丙的優勢策略就是暫時按兵不動，因為另外兩位槍手的第一槍都不會對準他，丙要做的就是「坐山觀虎鬥」，靜待局勢的發展變化，再進一步採取行動。

東漢末期，袁紹在倉亭被曹操打敗之後，心情抑鬱，不久便得病身亡。臨死前，袁紹立幼子袁尚為繼承人，任命其為大司馬將軍。曹操這時鬥志正旺，親率大軍前來討伐袁氏兄弟，企圖一舉平定河北。曹軍以破竹之勢攻佔了黎陽，很快便兵臨冀州城下。袁尚、袁譚、袁熙、高幹等帶領四路人馬合力死守，曹操一連幾天都攻打不下。

曹操的謀士郭嘉獻計說：「袁紹廢長子立幼子，兄弟之間必然會為爭奪權力相互爭鬥，各自樹立自己的勢力幫派，他們之間情況危急時刻還可相救，一旦危機解除就會彼此相互爭鬥。不如先舉兵南下去攻打荊州，征討劉表，等袁氏兄弟相互爭鬥發生變故之後，再來攻打他們，就能一舉而定。」曹操認為郭嘉言之有理，便留下賈詡鎮守黎陽，曹洪鎮守官渡，自己則率軍征討劉表去了。

果然，曹操大軍一撤走，長子袁潭便同袁尚為爭奪繼承權大動干戈，互相殘殺起來。袁潭打不過袁尚，派人向曹操求救。曹操乘機再次出兵北進，殺死袁潭，袁熙、袁尚逃往遼東投奔公孫康，曹軍很快佔領了河北。

平定河北之後，夏侯淳等人勸曹操說：「遼東太守公孫康一直沒有臣服我們。現在袁熙、袁尚又去投奔他，必定成為我們的後患。不如趁他們還沒有防備之際就去討伐，這樣就能取得遼東了。」

曹操卻笑著說：「不煩你們再次出兵了。幾天之後，公孫康會把二袁的首級親自送來。」諸將都不相信。沒過幾天，公孫康果然派人將袁熙和袁尚的首級送來了。眾將大驚，都佩服曹操料事如神。曹操大笑說：「果然不出奉孝所料！」說著，拿出郭嘉臨死前留給他的一封信。

郭嘉在信中寫道：「如果聽說袁熙、袁尚去投靠遼東，主公千萬不要加兵。公孫康一直擔心袁氏被吞併之後，二袁去投奔他。倘若率兵去攻打他，他們肯定並力迎敵，欲速則不達；倘若慢慢地謀取，公孫康、袁氏兄弟必然會互相圖謀對方。」

原來，袁紹在世之日就一直有吞併遼東之心，公孫康對袁氏家族恨之入骨。這次袁氏二兄弟去投奔，公孫康就存心想除掉他們，但又擔心曹操引軍攻打遼東，想利用二人助己一臂之力。所以，袁熙、袁尚二人來到遼東，公孫康並沒有馬上相見，而是派人迅速前去探聽曹軍的動靜。當探子回報曹操並無攻打遼東之意時，公孫康立即將袁熙、袁尚斬首，使曹操兵不血刃便達到了目的。曹操使用「隔岸觀火」之計，「坐山觀虎鬥」，以微小的代價換取了勝利。

當敵方相互傾軋的氣氛越來越顯露時，不可急於去「趁火打劫」。操之過急常常會促其形成暫時的聯合，進而增強敵方的還擊能力。故意讓開一步，坐等敵方內部對抗矛盾發展以致出現互相殘殺的動亂，就能達到削弱敵人、壯大自己的目的。

職場贏家：只有更好，沒有最好！

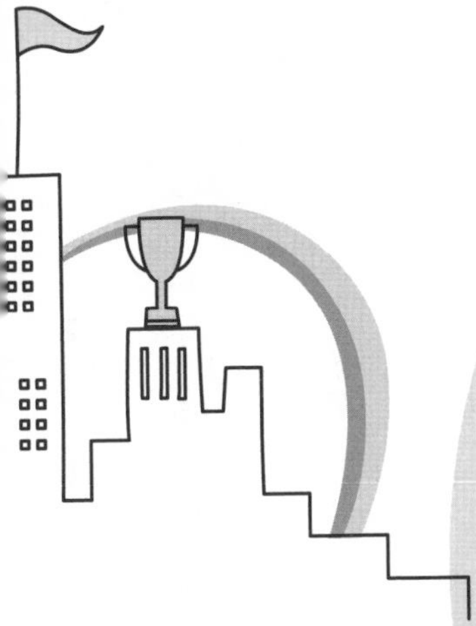

Chapter 2

做得多不如做得對

01

先做最最重要的事

一個人每天都有很多的事情要做，有大事，有小事，有令人愉快的事，有令人心煩意亂的事。不能充分掌握時間與區別事情的緩急先後，你的一切都會打折扣。你應該找到那件最重要、最關鍵的事情，去做好它，而不是被紛繁蕪雜的假象所蒙蔽，因小失大，釀成禍患。

有一個笑話，說的是一對饞嘴的夫妻一起分著三個餅，你一個，我一個，最後還剩下一個，兩人互不相讓，於是決定從現在起都不說話，誰持續的時間長，誰就能得到最後的餅。

兩人面對面坐下，果然都不開口。到了晚上，一個盜賊溜進屋裡，看見夫妻倆，一開始是有點害怕，看他們毫無反應，就放心大膽地搜刮起財物來。

盜賊將家中稍微值錢點的東西一件一件地搬出門去，妻子心裡雖然著急，但是看丈夫一動也不動，便只好繼續忍耐。盜賊有恃無恐，乾脆連最後一個米缸也搬走了。

妻子再也坐不住了，高聲叫喊起來，並惱怒地對丈夫說：「你怎麼這樣傻啊！為了一個餅，眼看著有賊也不理會。」

丈夫立刻高興地跳了起來，拍著手笑道：「啊，笨蛋！妳先開口說話，這個餅是我的了。」

在這個笑話中，這一對愚蠢的夫婦就是沒有分清事情的輕重緩急，找到當前最重要的問題，結果因小失大，鬧出了笑話。當兩人打賭爭餅時，遵守賭約，閉口無言是雙方的主要問題，應著力解決。可是，當盜賊進屋盜竊財物時，如何聯手趕走盜賊，保護家中財產，則成為新的主要問題，賭餅約定已經不再重要。此時此刻，夫婦二人就應該抓住最主要的問題，齊心協力，抓住盜賊，保護財產。然而，夫婦二人因為牢記賭約，對盜賊不予理睬，讓盜賊有了可乘之機，將財物盜走，進而喪失了抓賊的大好時機，為了一塊餅失去了全部財產。

古人常說：「擒賊先擒王。射人先射馬。」想問題、辦事情，就是應該牢牢抓住最主要的問題，不能主次不分，因小失大。在實際工作中，我們也必須弄清當時當地客觀存在的最終要的問題是什麼，進而採取正確的解決方法，以收到事半功倍的效果。

前英國首相柴契爾夫人對抓住重點有深刻而簡潔的見解。有人問她：在日理萬機的情況下還能照顧好家庭，你的祕訣是什麼？她回答說：把要做的事情按輕重緩急一條一條列出來，積極行動，做好之後，再一條一條刪下去就成了！

真理是樸素的，也是容易被忽視的。加強計畫，抓住重點，積極突破，帶動一般，這就是各個領域普遍，適用的重要方法，也是常被忽視的重要方法。

一個人每天都有很多的事情要做，但是哪些事才是你最重要的呢？不弄明白這個問題，你就會浪費許多精力，空耗許多時間，結果給你帶來痛苦——身心疲憊。

當然，所謂「重要」，必須是出自你自己的想法、感覺，你認為什麼對你才是重要的。在某種意義上，人生就是選擇對自己最重要的事情，然後去努力完成它，實現它。

如果你不希望被紛繁蕪雜的大小問題弄得手忙腳亂，你就必須學會合理有序地安排交易處理的次序。根據事情的「輕重緩急」，你可以將自己的行動分成四個層次：

一、重且急。這些是最優先處理的，應當高度重視並且立即行動。

二、重但緩。可以稍後再做，但也要進入優先處理的行列，一定不要無休止地拖延下去。

三、急但輕。這些表面上看起來非常緊急的事務，往往會被錯誤地列入優先行列中，使真正重要的工作被拖延。

四、輕且緩。其實大量的工作是既不緊急也不重要的，我們卻常常由於各種原因，本末倒置，耗費了不必要的時間和精力。

02

選對行業成就一生

三百六十行，行行出狀元。但其「狀元之才」之所以能夠浮出水面，為世人稱頌，就是因為他選擇了適合自己的位置。有些人做事，從一開始就註定了要失敗，不是因為他們能力不夠、機會不多，而是因為他們上錯了船，進錯了門，始終在做著自己並不擅長的工作。

一份工作的好壞，並無一定，以能否發揮特長、提升自己為判斷依據。每個人的興趣、才能以及追求目標都不一樣，一些人如魚得水的職業，卻能將另一些人「淹死」。所以，最重要的不是適應行業——這只是不得已而為之的做法：最明智的做法是選擇適合自己的行業。

鞋子合不合腳，只有腳知道；這個行業是否適合自己，只有自己心裡最清楚。對一個有志者來說，不能指望別人給自己一個最適合自己發展的機會，應該根據自身需要和喜好，去尋找適合自己的發展空間。

阿銘從小就渴望成為一名創作型歌手。在學校時，他就很努力地自己作詞、編曲，他帶著自己組建的樂隊在各大高校巡迴演出，令他沮喪的是，演出沒能引起轟動。畢業前夕，他想賣掉手邊的一些CD，於是選出了幾位對這方面有興趣的朋友，分別寫信問他們，看誰願意買。

其中一位朋友看了信之後非常願意購買，於是立刻回信，在這封回函裡，這位朋友不斷地誇讚他文筆流暢，頗具說服力。因此便建議他，既然能寫出這麼有魅力的推銷信函，為什麼不投入廣告界從事撰寫廣告的工作呢？

朋友的這封信，就像一塊小石頭丟入水中，激起了陣陣漣漪，「投入廣告界立志做個出色的廣告人！」這念頭就此整日盤旋在他腦中。如果我們從另一個角度來看，當他立志要在廣告界一展身手時，事實上，他便已經成功了。假如他執迷不悔繼續從事並不適合自己的音樂創作的話，也許只會白白浪費時間罷了。

選對行業能夠成就一生，這的確是一條顛撲不破的真理，只有在最適合你，你也最有興趣的地方，你才能夠發揮出你的全部能量。不管你從前是怎樣評估自己的身價的，只要你能稍稍改變一下內心的想法，就能夠徹底改變自己的人生！

對你而言，現階段最重要的不是在你既有的能力上再加入一些新奇的力量，而是如何將你現在所擁有的能力百分之百地活用發揮。也就是說，人生的第一要務並不是要立刻學得新的本領，而是應先將我們現有的才能發揮到極限。

每個人都有自己特殊的才能，如果你因為技不如人而心生愧疚，那久久是因為這個行業更適合對方而不是你，你要做的不是怨天尤人，而是開始發掘身上的優點，找到最合適你的那個位置。不能成為一流科學家的阿西莫夫成為了舉世聞名的科幻作家，研究工程科學的倫琴最終成為物理學家……他們的成功始於一個人生的抉擇——找到最適合自己的位置。

人生總有一個最適合你的位置，它能讓你的才能發揮得淋漓盡致。讓你置身其中，即使忙忙碌碌也會不知疲倦，即使面對千難萬險也不會想到退縮。

Chapter 2

做得多不如做得對

人的興趣、才能、素質也是不同的。如果你不瞭解這一點，沒有能把自己的所長利用起來，你所從事的行業需要的素質和才能正是你所缺乏的，那麼，你將會自我埋沒。反之，如果有自知之明，善於設計自己，從事最擅長的工作，你就會獲得成功。

03 把時間花在解決問題上

美國成功學家格蘭特納說過這樣的話：「如果你有自己繫鞋帶的能力，你就有上天摘星星的機會！」一個人對待生活和工作的態度是決定他能否成功的關鍵。一名做事高效的人不會到處為自己找藉口，開脫責任，他會把找藉口和抱怨的時間用在解決問題的實際過程中。

施耐特是ＩＢＭ公司的一名產品經理，以善於解決問題而備受上司賞識。可是最近他似乎遇到了一道看似不可逾越的屏障。他著手的一項新產品設想幾乎通過所有的關卡，但惟獨無法得到工廠經理的簽字。而且經過與這位工廠經理的多次討論之後，得到的結論是工廠經理並不贊成他的這項設想。可是新產品一旦實施，會給工廠帶來可觀的效益。怎能就這樣輕易放棄呢？

Chapter 2
做得多不如做得對

後來，施耐特想出了一套辦法。首先，他請兩位工廠經理非常尊敬的人給工廠經理送去兩份（有利於這項新產品的）市場研究報告，然後還請本公司最大客戶代表幫忙，請他在電話交談時，提到這項新產的發展計畫，並且表示「我很希望此產品如期完成」。接下來，他利用一次開會的機會，要兩位工程師在開會之前接近這位工廠經理，講一些有利於這項產品的實驗結果。最後，他召集了一次會議，討論這項產品，他請來的人都是工廠經理比較喜歡或者尊敬的人，而且這些人都覺得這項新產品設想不錯，這次會後第二天，產品部經理就請工廠經理簽字，結果成功了。

貝弗里奇曾經說過，我不祈求自己擁有能消除所有問題的力量，只希望自己能夠擁有正確解決問題的方法。這句活說明了這樣一個道理：在工作和生活中問題是層出不窮的，但只要我們掌握了解決問題的正確方法，那麼所有的問題都可以迎刃而解，被稱為世界第一CEO的傑克．韋爾奇說過，「與其報怨，不如實幹，」其用意也是告訴人們與其把時間浪費在抱怨上，倒不如埋下頭來仔細尋找解決問題的辦法並付諸行動。傑克．韋爾奇之所以能夠從一個普通的職員到成為通用公司有史以來最年輕的總經理，與他這種積極找方法解決問題的精神有著很大的關係。有一次，一直負責韋爾奇所在的實驗專案的聚合物產品生產經理鮑勃．芬霍爾特因成績突出被提升到總部擔任戰略策劃負責人，這樣經理的職位就空缺了下來。

我為什麼不試試呢？韋爾奇想。韋爾奇不想看著這個機會從自己眼前溜走，這個富有挑戰性的工作實在是太有誘惑力了。和傑托夫以及其他人吃完晚餐後，韋爾奇跟著傑托夫來到停車場，他跳上了傑托夫的大眾敞篷車前座。「為什麼不讓我試試鮑勃的位置？」韋爾奇開門見山地說。

「你是在開玩笑嗎？」問道，「傑克，你根本不熟悉市場。而這一點，對於這種新產品卻是很重要的。」

韋爾奇不肯接受否定的回答。現在輪到他遊說傑托夫了，他談到了自己的資歷，看市場的眼光，對人和工作的態度。在又黑又冷的夜晚，韋爾奇在傑托夫的車上坐了一個多小時，試圖說服他。

傑托夫當晚並沒有答覆韋爾奇，但當他把車開出停車場的時候，他似乎明

Chapter 2

做得多不如做得對

白了韋爾奇是多麼需要這份工作來證明自己的能力，他對站在街邊的韋爾奇大聲說道：「你是我認識的下屬中，第一個向我要職位的人，我會記住你的。」

在接下來的七天時間裡，韋爾奇不斷打電話給傑托夫，列出一些他適合這個職位的其他原因。一個星期後，傑托夫打來電話告訴他，他已被提升為塑膠部門主管聚合物產品生產的經理。一九六八年六月初，也就是韋爾奇進入ＧＥ的第八年，他被提升為主管兩千六百萬美元的塑膠業務部的總經理。當時他年僅三十三歲，是這家大公司有史以來最年輕的總經理。一九七二年一月，三十七歲的韋爾奇又榮升為ＧＥ集團副董事長，負責四億美元的業務。一九七三年的七月，韋爾奇因業績出色被提升為ＧＥ集團的部門執行官。一九八一年四月一日，傑克·韋爾奇終於憑藉自己的實力與自信，穩穩地站到了董事長兼最高執行官的位置上，站到了ＧＥ這個大舞臺的中央。

傑克·韋爾奇的成功告訴我們，抱怨和找藉口並不能解決實際問題，相反，只會導致拖延和問題的惡化，把時間用在解決實際問題上，我們才能夠在第一時間內將問題解決掉。

04 公司說好才是真的好

人們常說：一件事情需要三分的苦幹加七分的巧幹才能完美。意思是行事時要注重尋找解決問題的方法，用巧妙靈活的方法解決難題，勝於一味地蠻幹。也就是說，「苦」的堅韌離不開「巧」的靈活。一個人做事，若只知下苦功，則易走入死道，若只知用巧，則難免缺乏「根基」。

力勤是一家醫藥公司的推銷員。一次他坐飛機回家，竟遇到了意想不到的劫機。經過各界的努力，問題終於得以解決。就在要走出機艙的一瞬間，他突然想到：劫機這樣的事件非常重大，應該有不少記者前來採訪，為什麼不好好利用這次機會宣傳一下自己公司的形象呢？於是，他立即從箱子裡找出一張大紙，在上面寫了一行大字：「我是XX公司的力勤，我和公司的XX牌醫藥品安然無恙，非常感謝救了我們的人！」他拿著這樣的牌子一走出機艙，立即就被電視臺的鏡頭捕捉到了。他也成了這次劫機事件的明星，許多家新聞媒體都爭相對他進行採訪報導。

等他回到公司的時候，受到了公司隆重的歡迎。原來，他在機場別出心裁的舉動，使得公司和產品的名字家喻戶曉了。公司的電話都快被打爆了，客戶的訂單更是一個接一個。董事長當場給他一份任命書：主管行銷和公關的副總經理。之後，公司還獎勵了他一筆豐厚的獎金。

力勤的故事說明了一個道理：做任何事情，都要將「苦」與「巧」相結合。「苦」在賣力，「巧」在靈活地尋找方法，只有這樣，才最容易找到走向成功的捷徑。世上沒有什麼事是只憑蠻力就能成功的，要加入自己的聰明才智，這樣才能取得自己想要的結果。職場之中也是同樣的道理，要想使自己的工作得到同事的讚賞、老闆的表揚，就要多用智慧。

05

速度有時未必是最重要的

在現代社會，我們的步調被調整得很快。走路要快，吃飯要快，說話要快……我們從不滿足於現有的速度與效率，不斷地尋找加速的新方法，並且從這種高度緊張中獲得極大的快感。隨著人們對快的追求，工作中是否忙碌、充實便成了考量個人工作效率的主要依據，自然也就形成了快節奏等於高效率的理念。然而事實確實如此嗎？我們先來看一下埃爾伯特的一段親身經歷。

埃爾伯特是美國著名的演說家及作家，每天都要乘飛機或者火車到世界各地去採訪、演講。有一次，他應邀到日本去演講，搭乘大阪往東京的新幹線，在快到橫濱時，由於鐵路出現故障被迫停駛。車長在車內廣播：「各位旅客，對不起，由於鐵路臨時出現了故障，要暫停二〇分鐘左右，請各位旅客稍候，

Chapter 2

做得多不如做得對

謝謝！」埃爾伯特是個急性子的人，一開始有些煩躁不安，火車停駛二〇分鐘，對於一個注重效率，時間又十分寶貴的人來說無疑是一個重大損失。但二〇分鐘過去，並且都快三〇分了，火車一點也沒有要發動的跡象。正當他越來越焦躁不安時，車內又再度廣播：「很抱歉，請再稍候一會兒。」就在這時，他心想，焦躁也無濟於事，不如找些別的事做。

埃爾伯特在看完手邊的報紙雜誌和書後，就去拿備置的《時事週刊》開始閱讀。車內的乘客，大概有很多是忙人，他們焦躁地到處走動，向車長詢問一些事情。

埃爾伯特回憶這次特別的經歷時說：「火車由原先預定的延遲時間二〇分鐘，變成一個小時、兩個小時，最後停了三個小時，因此抵達東京時，我幾乎看完了那本報導前總統卡特的《時事週刊》。『假如火車依照時間準時到達東京，或許我就無法獲得有關前總統卡特的詳細知識。我是一個沒有『遊戲』和『從容』心態的人，這個三小時，除了焦躁不安，不斷抽菸外，就沒有什麼事好做了。』

埃爾伯特是現代效率社會的佼佼者，這一點從他蒸蒸日上的事業和忙碌的身影就可以看得出來，然而自從他有了這次電車上的經歷之後，他懂得了一個道理：一個人要及時地從社會以及身邊的人營造的追求效率的氛圍中走出來，以從容的心態來面對自己的工作，不要時刻都讓效率之弦繃得太緊，否則就容易為自己帶來過多的壓力和挫敗感。這樣，工作就成了擺脫不掉的包袱。

現代人一味強調高效，卻忘記了該如何等待，從週一到週日時刻忙碌著。而這些追求所謂的快感的忙碌，實際上是在為自己製造慌亂，因為這種要求自己越快越好的壓力使得現代人變得越來越浮躁。大多數人認為問題出在時間的緊迫上，但事實上，是速度控制了我們的工作和生活。

一旦染上了這種「速度病」，我們就會迷失在毫無間隙的忙碌之中，失去清醒的頭腦和必要的理智。為了準時完成任務總是疲於奔命，最終發現自己越來越力不從心，工作中錯誤百出，這時才後悔莫及：「要是我當時多花點時間就好了。」

一位西方評論家說過：「效率被視為這個時代對人類文明的最偉大貢獻。效率被視為一種永遠追求不完的力量，人們不可能達到的極致。」但是整天忙

Chapter 2

做得多不如做得對

碌並不一定有效率，效果和花費的時間並不一定成正比。強迫自己工作、工作、再工作，只會損耗自己的體力和創造力。

如果你對所有日常運作的事務都過度投入，很可能會迷失方向，為了真正提高工作效率，我們應該嘗試放慢腳步。

06 做事要到位而不越位

做事要「到位而不越位」。在日常工作中，除了要擺正自己的位置，更重要的是掌握好自己的職責許可權。分內的事情努力做好，分外的事不要輕易插手，尤其不可做出越級、越權的事情來，這樣不但浪費了自己的時間精力，更會惹人討厭。

小劉和小王是同一部門的人員，他們有個共同的特點，就是精明果斷，辦事能力也頗強。但該部門的主管做事卻拖拖拉拉，優柔寡斷。對此，心高氣傲的小劉對該主管早就頗有微辭。公司向該部門下達了新的業務指標，主管反覆考慮，瞻前顧後，一直無法提出具體的計畫和方案。

心懷不滿的小劉直接向總經理打報告，提出了自己的一套方案。而為人低調的小王則選擇跟主管共同商量，拿出相應的對策和方案。在小王的啟發下，主管很快提交了一套同樣出色的方案。最終，公司採納了主管的方案。不久，主管獲得提升，小王在他的推薦下，接替了他的位子。而怨氣沖天的小劉很快便離開了公司。

有能力的小劉忽視了一點：在很多情況下，主管的能力不一定比下屬強，但這不能改變主管與下屬之間從屬的關係。把自己的聰明才智無私地奉獻給的主管，小劉可能認為這樣太冤枉了，心理上難以平衡。事實上，只有主管得到提升，你才能有出頭之日。在緊急關頭及時「救駕」，你的主管會從此視你為得力幹將，對你另眼相看。一有機會，你得到提升是水到渠成的事情。

越級越權，企圖蓋過上司的風頭，在上司的上司那裡表現自己，這種行為會嚴重損害到部門主管的感情，為自己以後的晉升帶來難以逾越的障礙。因此，除非萬不得已，千萬不要越級。

公司像一部複雜而精密的機器，每一個零件都在固定的位置發揮著不同的作用，以保障整部機器的正常運轉。然而有一部分人為了突顯自己，老是喜歡搞越級活動，這些人大部分都對自己頂頭上司有某種不信任或者不服氣。但這樣做的後果是擾亂了公司的正常工作程序，造成人為的關係緊張，反而影響了工作效率，更會影響到自己的晉升之路。

「凡事做到位，不要越位」必須遵守幾條守則：

一、明確工作許可權

進入某崗位，需要弄清楚自己日常扮演的角色，應當履行的職責，應當遵守的行為規範。

二、分清「分內」和「分外」

在其位要謀其政，不屬於自己職責範圍內便要小心謹慎，儘量少插手、不插手。當然，不排除有些上司會下放自己的某些許可權，把本屬於自己職責範圍內的一些工作，交給值得信賴的下屬去做。此時，作為下屬，一定要全力以赴的去做好。應當注意的是，必須由上司自己親自委派你做這項工作，一般情況下不要主動要求，以免上司認為你插手太多，有越位之嫌。

三、不可輕越「雷池」

遇到自己不熟悉的工作時要多請示，否則，往往會不自覺地造成越權行為，好心辦錯事。「雷池」不可輕越，萬事謹慎為先。

07 要讓公司覺得你做的就是最好的

你必須全力以赴，因為有時候即使是一百分的努力也未必能收穫一百分效果，更何況是在偷工減料的情況下完成的工作。

比利時有一齣著名的基督受難舞臺劇，演員辛齊格幾年如一日在劇中扮演受難的耶穌，他高超的演技與忘我的境界常常讓觀眾不覺得是在看演出，而似乎像真的看到了臺上再生的耶穌。

一天，一對遠道而來的夫婦，在演出結束之後來到後臺，他們想見見扮演耶穌的演員辛齊格，並合影留念。合完影後，丈夫一回頭看見了靠在旁邊的巨大的木頭十字架，這正是辛齊格在舞臺上背負的那個道具。

丈夫一時興起，對一旁的妻子說：「妳幫我照一張背負十字架的相吧。」

於是，他走過去，想把十字架拿起來放到自己背上，但他費盡了全力，十字架仍絲毫未動，這時他才發現那個十字架根本不是道具，而是一個真正橡木做成的沉重十字架。

在使盡了全力之後，那位先生不得不氣喘吁吁地放棄。他站起身，一邊抹去額頭的汗水一邊對辛齊格說：「道具不是假的嗎，你為什麼要每天都扛著這麼重的東西演出呢？」

辛齊格說：「如果感覺不到十字架的重量，我就演不好這個角色。在舞臺上扮演耶穌是我的職業，和道具沒有關係。」

記住：工作中永遠沒有道具——要做好你的工作，得到令你滿意的效果，就必須付出百分之百的努力！許多人之所以無法取得成功，不是因為他們能力不夠、熱情不足，而是缺乏一種堅持不懈的精神。他們做事時往往虎頭蛇尾、有始無終，做事的過程也是東拼西湊、草草了事。

他們對自己的工作容易產生懷疑，行動也始終處於猶豫不決之中。譬如他們看準了一項事業，充滿熱情做下去，但剛做到一半又覺得另一件事情更有前途。他們時而信心百倍，時而又低落沮喪。這種人也許能短時間取得一些成就，但從長遠來看，最終一定還是失敗的。這世上，沒有一個遇事遲疑不決、優柔寡斷的人能夠獲得真正的成功。開始做一件工作，需要的是決心與熱忱；而完成一份工作，需要的卻是恆心與毅力。缺少熱忱，事情無法啟動；只有熱忱而無恆心與毅力，工作無法完成。

在日常工作中，每個人都有一些未完成的工作，未縫完的衣服，未寫成的稿件等等。那麼請將它們找出來整理整理，靜下心來繼續完成它們。你會發現，一旦把它完成，就會覺得非常快樂。未完成時它們不過是些廢物，而你在付出一半甚至十分之一的心力完成後，它們就變成了漂亮的成品和值得驕傲的業績。

許多事情並非我們無法去做，而是我們不願意繼續做。多付出一分心力和時間，就會發現自己其實有許多潛在的力量。做事善始善終，就不會失業，不會被淘汰。例如，一味抱著「下一份工作會更好」的想法，工作起來虎頭蛇尾，我們就會永遠處於尋找「下一份工作」的過程中。你的工作或事業是你一生唯一的創造，不能抹平重建，即使只有一天可活，那一天也要活得優雅、高貴，而應該在牆上的銘牌上為自己寫下：「生活和工作是自己創造的，永遠馬虎不得！」如果你總是偷工減料，偷懶耍奸，那還談什麼將工作做好？做事就要做到位，這是你做好工作的前提。世上又有哪家企業喜歡一有機會就偷懶，做事總是偷工減料的員工？

要麼不做，要做就用一百分的努力把工作做好。一個做事總是半吊子的員工，無論老闆何時問起，總以一句「快好了」來應付，這樣的人又怎麼可能成為老闆心中的金牌員工呢？

08 集中力氣去做公司最需要你做的事情

對於任何一個人來講，如果他不知道什麼才是最重要的，而是希望把所有的事都做好，那麼他將無法做好任何一件事！

一天，時間管理專家為一群商學院的學生講課。

「我們來做個小測驗。」專家拿出一個一加侖的廣口瓶放在桌上。隨後，他取出一堆拳頭大小的石塊，把它們一塊一塊地放進瓶子裡，直到石塊高出瓶口再也放不下了。

專家問：「瓶子滿了嗎？」

「滿了。」所有的學生回答。

「真的嗎？」專家反問道。說著專家從桌下取出一桶礫石，倒了進去，並

Chapter 2
做得多不如做得對

敲擊玻璃使礫石填滿石塊間的間隙。「現在瓶子滿了嗎？」

這一次學生有些明白了，「可能還沒有。」一位學生應道。

「很好！」他伸手從桌下又拿出一桶沙子，把它慢慢倒進玻璃瓶。沙子填滿了石塊的所有間隙。他又一次問學生：「瓶子滿了嗎？」

「沒滿！」學生們大聲說。

只見專家拿過一壺水，緩緩地倒進玻璃瓶，直到水面與瓶口齊平。

他望著學生，問道：「這個例子說明了什麼？」

一個學生發言：「它告訴我們，無論你的時間表多麼緊湊，如果真的再加把勁，你還可以做更多的事！」

「是的，」專家說，「你說得對，但那還不是它的全部寓意所在。這個事例告訴我們，如果你不先把大石塊放進瓶子裡，那麼你就再也無法把它們放進去了。問題在於，什麼是你一天當中的大石塊？什麼是你一年當中的大石塊？什麼是你生命當中的大石塊呢？」

教室裡一片沉寂，學生們開始了思考。

作為一名公司的員工，如何高效而順利地做好工作，第一步應當是學會安排自己的事情，就是將你手頭的工作排個序，輕重緩急做到心中有數，那種眉毛鬍子一把抓的人永遠都有做不完的事，但是永遠也做不好。

當你工作時手忙腳亂，當你哀歎自己是公司中最忙碌的人，當你回到家裡已經累得筋疲力盡，但是工作卻沒有特別多的進度時，你有沒有認真地想過，造成這種情況的原因是什麼？如果你將工作事務按輕重緩急安排好，並進行全面的時間管理，那麼你就不會出現上面所說的情形。

任何工作都有個輕重緩急之分，只有分清哪些是最重要的並把它做好，你的工作才會變得井井有條，卓有成效。

管理大師彼得·德魯克曾在《有效的主管》一書中鄭重指出：「效率是『以正確的方式做事』，而效能則是『做正確的事』。」

「正確地做事」強調的是效率，注重的是讓人們更快地朝目標邁進；「做正確的事」強調的則是效能，著重點是確保人們的工作是在堅實地朝著正確的目標邁進。換句話說，效率重視的是做一件工作最好最快的方法，效能則重視時間的最佳利用——這包括做或是不做某一項工作。

道理似乎每個員工都懂得，然而員工與員工是不同的，就像今天和昨天雖然都是一天，但它們卻有本質的區別一樣。一般員工的職責就是做好自己的本職工作，而卓越員工則是在此基礎上，還能夠快速、準確、高效地完成其他不是上司交給的任務。

無疑，這也是員工得到老闆垂青的一個重要途徑。只有這樣，你才能更好地實現自我價值，老闆才有可能提拔重用你。相反，如果你的能力一般，業績平平，甚至連上司交代的工作都完成不了，那麼你就肯定不會獲得上司和同事的認可。也許還會有另外一種可能在等待著你，那就是被「炒魷魚」。

老闆都喜歡把工作看成是自己事業的人，喜歡工作出色的下屬，喜歡那些手腳勤快的員工。眼裡有工作和忙忙碌碌不能劃等號，二者之間有著本質的區別。有許多員工整天看起來都是一副匆匆忙忙的神態，但就其工作績效來看卻並不是十分理想，有時甚至是「一團糟」，越忙越亂。

長期的工作經驗告訴我們：工作中有許許多多的事情，而一個人的精力卻是有限的。但如果我們工作中分清主次、先後，將會有助於我們更好地做成事情。遍佈全美的都市服務公司創始人亨利·杜赫提說過：「人有兩種能力是千金難求的無價之寶：一是思考能力；二是分清事情的輕重緩急，並妥當處理的能力。」

白手起家的查理·魯克曼經過十二年的努力後，被提升為派索公司總裁。他把成功歸結於杜赫提談到的兩種能力。魯克曼說：「就記憶所言，我每天早晨五點起床，因為這一時刻我的思考力最好。我計畫當天要做的事，並按事情的輕重緩急做好安排。」

全美最成功的保險推銷員之一弗蘭克·貝特格，每天早晨還不到五點鐘，便把當天要做的事安排好了，主要是在前一個晚上他便定下每天要做的保險數額，如果沒有完成，便加到第二天，以後依次推算。

由此可見，在工作中分清事情的輕重緩急是很重要的。雖然我們沒有人能永遠按照事情的輕重程度做事，但我們知道做事分輕重緩急總比想到什麼就做什麼要好得多。

Chapter 2
做得多不如做得對

在分清了事情的輕重緩急之後，我們也許該瞭解什麼是「要事」。並非所有的員工都是不負責任、懶散工作的人，相反，在效率不高的人之中，有許多人工作是非常勤懇的。他們之所以效率不高，是因為他們做事不清楚什麼是「要事」。

如果一個人對他的工作分不清楚什麼是「要事」，那他就弄不清自己該先去做什麼。時而做做這，時而做做那，結果什麼都沒做成。如果他拒絕或無法決定優先順序的話，他也很難說「不」字。每碰到一件事，他就必須付出一些時間和精力。而結果就是，他總是有著太多的事情做，但卻沒有辦法去完成。最後只好不斷地拖延，並試圖找出一條路來解決他自己造成的混亂。

事實上，最要記住工作的一個基本原則是，要把最重要的事情放在第一位。工作效率最高的人是那些對無足輕重的事情無動於衷，卻對那些較重要的事情無法無動於衷的人。一個人如果過於努力想把所有事情都做好，他就不會把最重要的事做好。

許多人在處理日常事務時，不知道先把工作按重要性排列。他們以為每個任務都是一樣的重要，只要時間被工作填得滿滿的，他們就會很高興。然而懂得安排工作的人卻不是這樣，他們通常是會按優先順序展開工作的，將要事擺在第一位。

要事第一的觀念如此重要，但卻常常被我們遺忘。我們必須讓這個重要的觀念成為一種工作習慣，每當一項新工作開始時，都必須首先讓自己明白什麼是最重要的事，什麼是我們應該花最大精力去重點做的事。

分清什麼是最重要的並不是一件易事，我們常犯的一個錯誤就是把緊迫的事情當作最重要的事情。緊迫只是意味著必須立即處理，比如門鈴響了，儘管你正忙得焦頭爛額，也不得不放下手邊工作去開門。

緊迫的事通常是顯而易見的，它會對我們造成壓力，逼迫我們馬上採取行動。但它們往往也是令人愉快的、容易完成的，卻不一定是很重要的。

緊迫通常是要我們在較短的時間內第一連續處理的，但要事卻不一定如此。有的要事甚至是以非常緩慢、不慌不忙的面貌出現！這正是因為要事的重要性，有時候反而帶有長期性。

要事是我們不得不做，而且應當放在工作中心、重心位置的事。比如一件是你急需列印時，發現影印紙沒了；而另一件事是你正要做份產品調研的報告。顯然前者是緊急之事，後者才是你一段時間工作的要事。

要事第一是讓我們成為高效員工的祕笈，一個真正懂得把事情排順序的員工才是最優秀的員工，因為他知道怎樣完成事情算最好。

09

上司不希望員工亂放槍

有一個男孩，興趣非常廣泛也很好強，畫畫、拉小提琴、游泳、打籃球，樣樣都學，還必須都得第一才行。這當然是不可能的，於是他開始悶悶不樂、心灰意冷，學習成績也一落千丈。

在一次期中考，考試成績竟排到全班的最後幾名。他的父親知道後，並沒有責備他。晚飯之後，父親找來一個小漏斗和一把玉米種子，放在桌子上，告訴他說：「現在，我們來玩個遊戲。」父親要他把這一把玉米種子都經過小漏斗弄進一個瓶子裡。

男孩把漏斗放在瓶口上，然後把玉米種子都放進漏斗裡，等著玉米種子自己掉下去，可是玉米粒相互擠著，竟一粒也沒有掉進瓶子裡去。男孩使勁地搖著漏斗，仍然無濟於事。

父親把玉米種子倒出來，一次只向漏斗中丟一個，很快地，這些種子就下到瓶子裡去了。不一會兒，所有的種子都進到了瓶子裡。

父親意味深長地說：「這個漏斗代表你，當你想把所有的事情都一起做時，反而一件事情也做不了。試著一件件地做，就會都做完的。」

與其做十件不完美的事，還不如專心做好一件事。

有的員工整天從早到晚忙碌，但卻不見效果。結果老闆問他進展如何時，他的回答總是：「資料正在列印」，「傳真馬上發送」，「報告就快寫好」……永遠沒有回答：「做好了」，都是一副「幾乎完成」的狀態！其實，工作中的「幾乎完成」就是「沒有完成」，等於「零」。

什麼都想做的結果只會什麼也做不好！要解決這樣的困擾，方法很簡單——一次只做一件事。

成功的第一要素是：「能夠將你身體和心智的能量鍥而不捨地運用到同一個問題上，而不會厭倦。」誰能同時去追兩隻兔子呢？職場上也是如此，一次只專心地做一件事，全身心地投入並積極地希望它成功，這樣你就不會感到筋疲力盡。

不要讓你的思維轉到別的事情、別的需要或別的想法上去。專注於你已經在做的工作，暫時放棄其他所有的事，這是卓越的員工在處理工作時首選的有效方法。他們往往都會巧妙地拒絕掉自己不擅長或覺得不合理的事，一次只答應做一件事並專注地把它高效率地完成。

在執行上司派給的任務時，卓越的員工都會思索一下哪項任務是自己最擅長的，然後再做出決定去執行，並且他們都會安排好工作的順序，而最主要的就是一次他們只答應做一件事。

那麼，如何才能做到使我們集中精力做一件事情呢？首先，要使「貪婪」遠離我們。這裡我們所說的貪婪不是個貶義詞，在很多情況下，正因為貪婪所以我們總是想多做一點事情，並以此來提升我們在老闆眼中的地位和形象。殊不知，我們的精力和時間有限的，如果過多地貪婪，其結果只會什麼都做不好！所以為了能有效地工作，請讓貪婪遠離我們。

其次，使工作的安排符合我們的思維習慣。有的人喜歡在熱鬧的環境裡工作，覺得可以獲得樂觀的情緒；有的人喜歡在安靜輕鬆中思考問題，比如我們寫文章就喜歡在夜深人靜的時候。相應地，如果你所從事的工作需要進行深度思考，或者是你需要用大段的時間來處理一件比較複雜工作的話，建議你，應當考慮為自己安排一個比較安靜的環境和時段來完成這份工作。這樣有助於你集中精力去解決手頭的問題，並且達到所期望的高品質。

最後，在從事一件工作的時候，要儘量忘記以往發生或者是將要發生的事情。很多人總是會受到以往事情的影響，所以無論這種影響是積極還是消極的，都不要記得它。就拿射擊比賽來說吧，如果我們把以前的成績記在心裡，也許會因為上一槍沒有打好而影響現在的成績；或者看別人正打得怎樣，這樣都不會給自己帶來好的結果。惟一的方法是集中力量來打好眼下的這一槍。

嘗試不再同時做多件事情，集中精力，各個擊破的能量就是那麼大。

10 不要公司覺得你在做無用功

從前有個小村莊，村裡除了雨水之外沒有任何水源。為了解決這個問題，村裡的人決定對外簽訂一份送水合約，以便每天都能有人把水送到村子裡。有兩個人願意接受這份工作，於是村裡的長者把這份合約同時給了這兩個人。

得到合約的兩個人中有一個叫艾德，他立刻行動了起來。每日奔波於一公里外的湖泊和村莊之間，用他的兩個桶從湖中打水並運回村子，並把打來的水倒在由村民們修建的一個結實的大蓄水池中。

每天早晨他都比其他村民起得早，以便當村民需要用水時，蓄水池中已有足夠的水供他們使用。儘管這是一項相當艱苦的工作，但是艾德很高興，因為他能不斷地賺錢。

另外一個獲得合約的人叫比爾，自從簽訂合約後他就消失了。幾個月來，人們一直沒有看到比爾。這點令艾德興奮不已，因為沒人與他競爭，他就能賺到了所有的水錢。

比爾做什麼去了呢？原來他為此做了一份詳細的商業計畫書，並憑藉這份計畫書找到了四位投資者，一起開了一家公司。

六個月後，比爾帶著一組施工團隊回到了村莊。花了整整一年的時間，比爾的施工團隊修建了一條從村莊通往湖泊的大容量不銹鋼管道。

這個村莊需要水，其他有類似環境的村莊一定也需要水。於是他重新制定了他的商業計畫，開始向全國甚至全世界的村莊推銷他快速、大容量、低成本並且衛生的送水系統，每送出一桶水他只賺一便士，但是每天他能送幾十萬桶水。無論他是否工作，錢都會流入了比爾的銀行帳戶中。

顯然，比爾不但開發了使水流向村莊的管道，而且還開發了一個使錢流向自己錢包的管道。從此以後，比爾幸福地生活著，而艾德在他的餘生裡仍拼命地工作，最終還是陷入了「永久」的財務問題中。

多年來，比爾和艾德的故事一直指引著人們。我們應時常問自己：「我究竟是在修管道還是在運水？」「我是在拼命地工作還是在聰明地工作？」同樣是在工作，有些人只懂勤勤懇懇，循規蹈矩，終其一生也成就不大。而聰明的人卻在努力尋找一種最佳的方法，在有限的條件中發揮才智的作用，將工作做到最完美。

同樣是在工作，思想老化的人年復一年，機械般重複著手邊的工作，沒有創意的工作讓人生乏味無比。相反會動腦子的人會藉著問題，將工作上升到更高效的層面，自己也可「一勞永逸」。

一九八四年以前的奧運會主辦國，幾乎是「指定」的。對舉辦國而言，往往是喜憂參半。能舉辦奧運會，自然是國家民族的榮譽，也可以乘機宣傳本國形象，但是以新場館建設為主的強大硬體軟體的投入，又將使政府負擔巨大的財政赤字。

一九七六年加拿大主辦蒙特利爾奧運會，虧損十億美元，預計這項巨額債務得到二〇〇三年才能還清；一九八〇年，前蘇聯莫斯科奧運會總支出達九十億美元，具體債務更是一個天文數字。奧運會幾乎變成了為「國家民族利益」而舉辦，為「政治需要」而舉辦。賠老本已成奧運定律。最好的自我安慰就是：「有得必有失。」

直到一九八四年的洛杉磯奧運會，美國商界奇才尤伯羅斯接手主辦奧運，他運用其超人的創新思維，改寫了奧運經濟的歷史，不僅首度創下了奧運史上第一筆巨額盈利紀錄，更重要的是建立了一套「奧運經濟學」模式，為以後的主辦城市如何運作提供了樣板。從那以後，爭辦奧運者如過江之鯽，就連一些比較貧窮的第三世界國家也怦然心動，趨之若鶩。因為名利雙收，那是鐵定的，借錢也得做。

創新，首先是從政府開始的。鑒於其他國家舉辦奧運會的虧損情況，洛杉磯市政府在得到主辦權後即做出一項史無前例的決議：第二十三屆奧運會不動用任何公用基金。因此而開創了民辦奧運會的先河。

尤伯羅斯接手奧運之後，發現組委會竟連一家皮包公司都不如，沒有祕書、沒有電話、沒有辦公室，甚至連一個帳號都沒有。一切都得從零開始，尤伯羅斯決定破釜沉舟。他以一〇六〇萬美元的價格將自己旅遊公司的股份賣掉，開始招募雇傭人員，然後以一種前無古人的創新思維定了乾坤：把奧運會商業化，進行市場運作。

於是，一場轟轟烈烈的「革命」就此展開。洛杉磯市長不無誇耀地評價說：「尤伯羅斯正在領導著第二次世界大戰以來最大的運動。」

第一步，開源節流。尤伯羅斯認為，自一九三二年洛杉磯奧運會以來，規模大、虛浮、奢華和浪費已成為時尚。他決定想盡一切辦法節省不必要的開支。首先，他本人以身作則不領薪水，在這種精神感召下，有數萬名工作人員甘願當義工；其次，延用洛杉磯現成的體育場；再來，把當地三所大學的宿舍作奧運村。僅後兩項措施就節約了數以十億美金。點點滴滴都體現其創新思維的功力、膽識。

第二步，聲勢浩大的「聖火傳遞」活動。奧運聖火在希臘點燃後，在美國舉行橫貫美國本土的聖火接力。

用捐款的辦法，誰出錢就可以舉著火炬跑上一程。全程聖火傳遞權以每公里三千美元出售，十五萬公里共售得四千五百萬美元。尤伯羅斯實際上是在拍賣百年奧運的歷史、榮譽等巨大的無形資產。

第三步，狠抓贊助、轉播和門票三大主要收入。尤伯羅斯出人意料地提出，贊助金額不得低於五百萬美元，而且不許在場地內包括其空中做商業廣告。這些苛刻的條件反而刺激了贊助商的熱情。

一家公司急於加入贊助，甚至還沒弄清所贊助的室內賽車比賽程式是如何，就匆匆簽字。尤伯羅斯最終從一百五十家贊助商中選定了三十家。此舉共籌到一・一七億美元。

最大的收益來自獨家電視轉播權轉讓。尤伯羅斯採取美國三大電視網競投的方式，結果，美國廣播公司以二・二五億美元奪得電視轉播權。尤伯羅斯又首次打破奧運會廣播電臺免費轉播比賽的慣例，以七千萬美元把廣播轉播權賣給美國、歐洲及澳大利亞的廣播公司。門票收入，透過強大的廣告宣傳和新聞炒作，也取得了歷史上的最高水準。

第四步，出售以本屆奧運會吉祥物山姆鷹為主的標誌及相關紀念品。結果，在短短的十幾天內，第二十三屆奧運會總支出五十一億美元，盈利二十五億美元，是原計劃的十倍。尤伯羅斯本人也得到驚人的紅利。在閉幕式上，國際奧會主席薩馬蘭奇頒發了一枚特別的金牌給尤伯羅斯，報界稱此為「本屆奧運會最大的一枚金牌」。

這就是聰明工作的力量。無論困難再大，在我們的智慧面前，終歸會迎刃而解。創新，本身具有化腐朽為神奇的力量，把握住這一時代最強的利器，我們便具有了最巨大的戰鬥力。

11 不要做自己無法勝任的事

重複博弈的理論告訴人們：做事要有長遠的眼光，不要為了眼前利益而放棄長遠的利益，這一點在生活中有廣泛的應用。不要做自己無法勝任的事，就是應用之一。這是因為，做自己無法勝任的事，只能給自己帶來別人一時的刮目相看和自我的心理安慰，隨著時間的流逝，自己的弱點和問題會逐漸暴露出來，周圍的人就會對你產生許多不滿甚至蔑視的情緒。若最終你完成不了任務，會讓領導者失望，對自己的長遠發展也會造成不良的影響。

如果你的上司或者好朋友拜託你做事，你因不好意思拒絕而接受下來，那麼，此後你的處境就會很尷尬。要知道，在別人的心裡，你的承諾就等於欠他們的錢，如果你到期未還，他們就可以理直氣壯地責備你、怪罪你。

所以，當上司要你做事時，你應把自己的能力與事情的難易度以及客觀條件是否具備結合起來考慮，然後再做決定。如果你覺得辦不到，千萬不要貿然答應。引申開來，自己目前還無法勝任的職位也不要接受。

美國有家大公司的總會計師，才三十五歲，才華橫溢，收入豐厚，他是在拿到會計學碩士學位後才做到現在職位的。但是，他受到了極大的挫折，憂心忡忡，最後不得不接受心理諮詢。在心理醫生那裡，他講述了自己的經歷。他在九歲和十七歲時，有過兩次成功的經歷，一次是推銷雜誌，發展到有好幾個小夥伴幫著他一起做事；另一次是和別人建立了一家印刷廠，他做業務，存下來的錢足以供他上學用了。兩次都是成功的推銷技能幫了他的忙。後來，由於他父親的建議，他在大學開始學會計學，然後他又靠著做推銷和經營賺來的錢拿到了碩士學位。

從學校畢業，他就被這家大公司錄用，在企業裡一直做到總會計師的位置。可是，他的工作經常被人指責，他碰到了越來越多的工作挫折，常常有人議論他的總會計師工作，另一方面，他總是在一週結束時才會感到高興。結果，他的公司、同事對他的工作越來越不滿，他對自己也越來越沒信心。

心理醫生幫助他解開了心結：他並沒有能力做總會計師。雖然他獲得了碩士學位，但他的興趣不在此，所以作為公司的一名普通會計人員他還可以勝任，至於總會計師一職則超出了他的能力範圍。諮詢過後，他終於想通了，主動向公司請求辭去總會計師一職，轉到銷售部。

這家公司失去了一個名不副實的總會計師，卻得到了一個樂此不疲和富有成效的銷售管理人員。當他談到這件事情的時候，他說：「永遠也不要做自己無法勝任的事，那樣首先是害了自己，你將變得不快樂並且憂心忡忡，因為你做的都是你所無法完成或最多只能勉強完成的事；而且你也傷害了信任你、委託你做事的人，對工作更是一種損失。」

「金剛鑽」是做「瓷器活」必需的工具，如果缺乏，就意味著無法完成工作。在你不具備某種能力的情況下，誇下海口，大包大攬，結果只會耽誤了事情，進而影響到你自己的聲譽，別人會覺得其實你根本就不行！所以，不要貿然答應自己辦不到的事，不要貿然接受自己無法勝任的職位，這是明哲保身之道。

12 聰明的人會在蛋糕擠花

作家黃明堅有一個形象的比喻：「做完蛋糕要記得裱花。有很多做好的蛋糕，因為看起來不夠漂亮，所以賣不出去。但是在上面塗滿奶油，裱上美麗的花朵，人們自然就會喜歡來買。」

做完蛋糕有了美麗的奶油花朵，就自然贏得了人們的青睞。作為員工隨時不忘報告老闆自己的行動，就是在自己做的蛋糕上擠花、讓老闆為你喝彩。

工作是什麼？它就像一把尺度，丈量著你在生命中所走過的路程。從你對工作的態度可看出你對生命的態度，也能看出你的價值觀。

在職場上，努力地工作是獲得成功的最好捷徑，當你問及每一個成功者成功的祕訣是什麼時，他們心裡都會有相同的一個答案：他們總是比別人更努力，並且千方百計地做得最好。

人生中的任何一種成功的獲得，都始於勤並且成於勤，沒有一種成功是唾手可得的，所以，你要想成功，必先要努力工作。沒有勤奮努力作鋪墊，即便你有再好的天賦和再出眾的能力也是無濟於事的。

有的員工在工作上完全稱得上盡職盡責，他的穩重和勤奮在部門裡是有目共睹的。可能你會為了核對一個資料，不惜夜以繼日，將白天做的工作重新計算一遍，以確保準確無誤。然而在部門之外，部門經理以上，就沒有人知道你到底多花了多少心思，做了多少額外的工作了。

相反，有的人，論業務熟悉程度不如前者，但工作的積極性很高，不僅虛心向他人請教，而且經常就工作中一些可改進的地方向上級提出合理化建議。在工作空閒階段，只要看到其他同事忙得不亦樂乎，也會主動伸出援手；或者會自覺找到上司，要求承擔額外工作。此外，他還會定期向上司匯報最近一段時間工作上遇到的收穫和困惑，這樣一方面有助於更好地開展工作，另一方面也能使上司瞭解他的實際工作量。

生活中常有這樣的情況：有的人做了很多，但升遷、漲薪的往往不是他；有的人雖然做的不是很多，但卻能引來老闆的讚賞、同事的羨慕，加薪等好事自然也尾隨而至……相信每個人都想做後者不想做前者。

如果老闆看不到自己的工作成績，確實是件相當鬱悶的事情。但總體說來，身在職場的人的表現也是各不相同的。有的人非常自信，認為只要自己努力工作總有一天老闆會看見；有的人選擇隨遇而安，並不是很介意，覺得怎樣都無所謂。

那麼，在老闆遲遲未能看到你的成績時，該怎麼辦呢？如何讓別人看到你所做的？如何讓老闆關注你呢？在老闆遲遲未能看到自己的成績時，你可能會選擇跳槽；你也可能抱著「是金子總會發光的」的信念繼續積極工作；但真正聰明的人則會主動尋求良機與老闆溝通。在恰當的時候呈上你的「捷報」，

要做到時刻有「喜傳捷報」的結果，你必須具備「三心」。所謂的「三心」就是耐心、恆心和決心。

任何事情都不是一蹴而就的，因此，在工作中要做到不計較個人得失，勇

於吃苦耐勞。不可只憑一時的熱情，三分鐘的熱度來工作。也不能在情緒低落時就馬馬虎虎、應付了事。老闆認為有這種表現的下屬是靠不住的。當老闆吩咐你做一件事的時候，一定要堅持到底，不可中途打「退堂鼓」，要盡心盡力把它完成，這樣你在老闆心中的印象才會提高。

同時要學會巧做，做事是要講求效率的，雖然有時你在工作中踏實苦幹，但是本來需要一個小時就能完成的工作，你卻做了三個小時甚至更久，這同樣也不會讓老闆對你有好感。對工作，老闆往往不看重你撒了多少次網，他是注重你的網中有沒有魚，有多少魚。

我們提倡勤懇工作的敬業精神，但並不是不要求工作的效率和方法。苦幹是老闆喜歡看到的，但老闆更喜歡高效率的下屬。

說話每個人都會，而這裡的學會說話，是指作為下屬的你在埋頭苦幹的同時，不要做個「悶葫蘆」，因為現在這種類型的人在社會上是吃不開的。要知道，老闆只能看到你在辦公室裡上班時間的表現，而看不到你為了更好地完成某項任務而加班工作的身影。

有些人與老闆的交流很少，只顧埋頭工作，完成後一交了事，對自己為了完成這項任務加班、流汗、耽誤私人時間等絕口不提。但如果你不主動向老闆說明，同事一般也很少會在老闆面前提你的情況，而你所付出的精力和汗水也就白費了。

所以，不但要會做，還要會說，要採取巧妙的方法讓老闆感受到你背後付出的努力和艱辛，也要讓老闆了解你的確是一個勤奮敬業的好下屬。

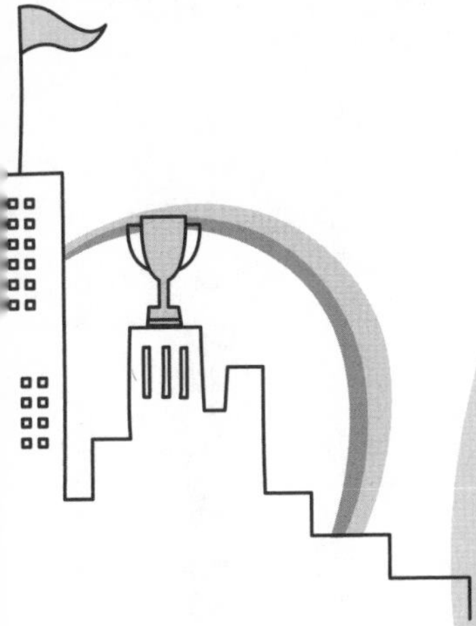

Chapter 3

讓人舒服比做成事還重要

01 別人沒有義務來幫助你

求人辦事也要名正言順，要有個理由，有個說法，給個交代，或找個藉口，做個解釋。在求人的理由上做文章，實際上就是為自己的求人辦事尋找個好藉口。

人類是理性的動物，不論什麼事情，希望能給別人個說法。即使是個無賴之人，也不願讓人說自己無理取鬧，他們總會有自己的「歪理」；皇帝殺臣下、除異己，也得給文武大臣有個解釋，真是「欲加之罪，何患無辭」，在求人辦事中，我們也總要為自己找個藉口。藉口隨處都需要，只是編造技術有好有賴。

藉口，其實就是「沒理找理」，所以找藉口時要綳起臉來，一副「理直氣壯」的樣子，方能得逞。

Chapter 3

讓人舒服比做成事還重要

有一個很有趣的故事：說是有一個人因偷竊被當場捉到。不料，小偷一點也沒有畏縮，反而理直氣壯地說：「如果我拿了東西又逃走，那才算是偷，但我現在只是拿到東西而已，大不了把東西還給你就好了。」說完就大搖大擺地走了。

對錯且不論，這個小偷確實是尋找藉口的高手，在我們看來，這個小偷本應該是理屈詞窮，不會想到他還有什麼可以詭辯的了。但他卻還能理直氣壯，並說出一定的邏輯，這確實不簡單。

當然，這裡並不是鼓勵大家採取拒絕承認錯誤的態度或學習顛倒黑白的行為。這裡強調的是，有些人面對初次見面的人，就以理虧的口吻說話，這種無謂的謙卑，反而會使自己站不住腳，並無益處。

找人辦事，總是要找一定理由的，但具體應該怎樣找理由就應該多一下番工夫了。以廣告人為例，他們可說個個都是找藉口的高手，當即溶咖啡在美國首度推出時，曾有這樣一段故事。

公司方面本來預測這種咖啡的「簡單」、「方便」會大受家庭主婦的歡迎。

沒想到事與願違，其銷售並無驚人之處。

姑且不論味道問題，大概是因為「偷工減料」的印象太強的關係。因為那時的美國，咖啡一直都是必須在家裡從磨豆子開始做起的飲料，只要注入熱水就能沖出一大杯咖啡來，怎麼看都太過「簡單」了。所以，廠商便從「簡單」、「方便」的正面直接宣傳，改為強調「可以有效利用節省下來的時間」的廣告戰略——「請把節省下來的時間，用在丈夫、孩子的身上。」

這種改變形象的做法，去除了身為使用者的主婦們所謂「對省事的東西趨之若鶩」的內疚。因為「我使用速成食品，一點也不是為了自己的享樂，而是可以把節省下來的時間用到家人身上。」此後，銷售量年年急速上升，自是不在話下。

人都是這樣，做事情講究名正言順，你給他一個名，他是很樂於做些自我欺騙、掩耳盜鈴的事，尤其是事情對自己有利的時候。實際上，嗜酒者從不主動要求喝酒，卻以「只要你想喝，我就陪你喝」，或者「我奉陪到底」，「捨命陪君子」這類藉口來達到心願，表面上既不積極，也不乾脆。

這方面，東方人尤其擅長，即在辦某件事時總要找個理由作為依託，這樣才算圓滿。而且在這種理由的掩蓋下，即使他知道自己的責任，也會一味推卸。

利用人們的這種心理，先替對方準備好藉口，對方就不會再推辭。比如，送禮給人時，先要說：「您對我太照顧了，真不知如何感激，這是我一點小意思，請您接受。」由於有了藉口，所以對方減少了內疚意識，定會欣然接受禮物。

總之，在求人辦事時，先在理由上做足文章，為辦事找個臺階。

02

你要比對方更主動一些

「對方應該主動拜訪我」、「對方應該先開口和我說話」、「對方應該……」每個人的腦海裡很容易就闖入這個念頭。在人們的心裡，這似乎已被視為理所當然的反應。這些念頭雖然已經變成自然的反應，但是，它們卻不是待人接物、求人辦事應有的正確態度。如果你一直固執於友情應該由對方主動給予的原則，你將會交不到朋友，你的影響力也會受到局限。

不論在什麼場合下，忽視別人都是不可原諒的過錯。事實上，主動和別人打招呼是大部分領導者共有的特徵。無論是在財經界、文藝界、政界和科學界，那些執牛耳的大人物，都是極富人情味的人。他們都是受人喜愛而容易打動人心的專家。如果你有機會參加大規模的會議，不妨仔細觀察那些遊走會場，到

Chapter 3

讓人舒服比做成事還重要

處跟人打招呼，到處跟陌生人自我介紹的人，他們都是舉足輕重的人物。

那些會走到你面前說：「我是XXX，請多指教」的人，都是現在及未來的大人物。你仔細思量、細心觀察，將會發現他們之所以成功，就是因為他們願意主動並且熱心地結交朋友。有些人這樣解釋這種行為：「我或許對他並不重要。但是，他對我卻非常重要，所以我必須主動親近他。」陌生人主動向你開口，最多你會認為他冒昧失禮，卻不會因此感到憤怒。主動和不認識的人說話，會得到許多好處。你一開始便要主動向別人打招呼，因為你的招呼會使他感到舒服，你也因此可以放鬆心情。

值得注意的是，在主動結交別人時，主動向別人進行自我介紹是非常有用的，可是一般人都不會主動向別人自我介紹，他們大都等待別人來打開僵局。所以，你應該積極學習大人物主動向人自我介紹的勇氣。只要你認為沒有什麼事可以令你膽怯，你就不會畏懼。何況你只是要去認識他，並且讓他也認識你罷了！

有主動的結交意識，你才能認識更多的朋友，因此得到更多的幫助。

03 看準時機才能好辦事

求人辦事，把握住時機是非常重要的。當我們摸清了對方心理之後，並等到一個合適的時機時，應該學會當機立斷，避免猶豫不決，貽誤良機，這樣就可以迅速達到自己的目的。

就拿李蓮英的故事做一個例子。我們都知道，慈禧喜歡別人稱她「老佛爺」，自然也喜歡故意擺出不殺生、行善積德的樣子給人看看。特別是她六十大壽之際，她更要做出一番「功德」來，好讓天下人都知她慈禧有好生之德。李蓮英為了能夠在眾臣面前求得慈禧對自己的寵愛，以保自己的勢力。於是，他絞盡腦汁地想出並試驗出一些絕招來奉承慈禧。

六十大壽這一天，慈禧按預先安排好的計畫，在頤和園的佛香閣下放鳥。

一籠籠的鳥擺在那裡，慈禧親自抽開鳥籠，鳥兒自由飛出，騰空而去。等李蓮英讓小太監搬出最後一批鳥籠，慈禧抽開籠門後，鳥兒就紛紛飛出，但這些鳥兒在空中只盤旋了一陣，又唧唧喳喳地飛進籠中來了。

慈禧又驚奇又納悶，還有幾分高興，便向李蓮英說：「小李子，這些鳥怎麼不飛走？」

李蓮英很得意，知道自己做的準備已經讓主子高興了。於是，跪下叩頭道：「奴才回老佛爺的話，這是老佛爺德威天地，澤及禽獸，鳥兒才不願飛走。這是祥瑞之兆，老佛爺一定萬壽無疆！」

一般說來，李蓮英這個馬屁可謂拍得極有水準，但這次卻拍馬屁拍到馬腿上了，慈禧太后雖覺拍得舒服，但又怕別人笑話她昏昧，於是臉上露出了陰森的殺氣，隨即怒斥李蓮英道：「好大膽的奴才，竟敢拿馴熟了的鳥兒來騙我！」

這時，李蓮英卻不慌張，他不慌不忙地躬腰稟道：「奴才怎敢欺騙老佛爺，這實在是老佛爺德威天地所致。如果我欺騙了老佛爺，就請老佛爺按欺君之罪辦我。不過在老佛爺降罪之前，請先答應我一個請求。」

在場的人一聽，李蓮英竟敢討價還價，嚇得臉都白了，哪個還敢吱聲。大家知道，慈禧雖號為老佛爺，但實在是一個殺人不眨眼的劊子手，許多因服侍不周或出言犯忌的奴才都被她處死，哪個敢像李蓮英這樣大膽。

慈禧聽了這番話，立刻鐵青了臉，說：「你這奴才還有什麼請求？」

李蓮英說：「天下只有馴熟的鳥兒，沒聽說有馴熟的魚兒。如果老佛爺不信自己德威天地，澤及魚鳥禽獸，就請把湖畔的百桶鯉魚放入湖中，以測天心佛意，我想，魚兒也必定不肯游走。如果我錯了，請老佛爺一併治罪。」

慈禧也有些疑惑了，她隨即走到湖邊，下令把鯉魚倒入昆明湖。稀奇的事情真就出現了，那些鯉魚游了一圈之後，竟又紛紛游回岸邊，遠遠望去，彷佛朝拜一般。

這下子，不僅眾人驚訝極了，連慈禧也有些迷惑。她知道這一定是李蓮英糊弄自己，但至於用了什麼法子，她一時也猜不透。

李蓮英見火候已到，哪能錯過時機，便跪在慈禧面前說：「老佛爺真是德威天地，如此看來，天心佛意都是一樣的，由不得老佛爺謙辭了。這鳥兒不飛去，魚兒不游走，那是有目共睹的，哪是奴才敢矇騙老佛爺，今天這賞，奴才是討定了。」

李蓮英說完，立刻口呼萬歲拜起來，隨行的太監、宮女、大臣，哪能不來湊趣，一齊跪倒，個個都向他們的「大總管」投來了奉承的眼光。事情到了這份上，慈禧太后哪裡還能發怒，她滿心歡喜，還把脖子上掛的念珠賞給了李蓮英。

且不論李蓮英的為人如何，從這個故事我們可以看出，李蓮英抓住時機討巧的功夫實在高明至極。現實生活中，我們也應該抓住時機儘快辦成自己要辦的事。

一個人辦事的成功，除了依賴一定的條件之外，機會的作用是不可忽視的。就連韓愈也在他的《與鄂州柳中丞書》中寫道：「動皆中於機會，以取勝於當世。」

比如你要升官晉職。由於本部門的領導者因為某種原因，或者是工作突出被提拔了，或者到了法定年齡退休了，或者因工作犯了錯誤而被解職了，總之，使原來的職位出現了空缺，這個空缺就為你創造了一個升遷的機會。如果這個機會來臨之時，你卻不知道想盡辦法抓住，甚至是在工作中犯了錯誤，那官運就會與你失之交臂。

也許有人對此不以為然，他們總認為自己的提升是因為自己已有某些才能。這種說法，帶有很大的片面性。因為誰都知道，一個人被提升時，首先要有職位。沒有空出的位置，任你才高八斗，學富五車，也不會被提拔到一個「懸空」的位置上。當然，我們不否認才能在提拔中的作用。

時機對於辦事效果就是這樣，時機不出現，有時任你費盡九牛二虎之力也辦不好，辦不成功；一旦時機出現了，你不想辦，卻反而歪打正著，然而，這屬於一種非普遍的機會。

就正常而言，大多數辦事機遇，都是辦事主體努力創造的結果，如下級主動承擔某項重要工作，而獲得了廣為人知的成績和顯露出驚人的才華，進而引起上司的重視、賞識而晉升成功。所以，要想成功，關鍵的還是要靠自己主觀努力來把握住時機。

Chapter 3
讓人舒服比做成事還重要

把握住時機，最重要的是要認清時機。所謂時機，就是指雙方能談得開、說得攏的時候，對方願意接受的時候。上司正為應付上級檢查而忙得焦頭爛額的時候，你卻找他去談待遇的不公，那你肯定要吃「閉門羹」甚至遭到訓斥。掌握好說話的時機，才能提高成功率。

下面的這兩種時機，可以說是求對方的最佳時機。在過程中，你一定要注意把它牢牢抓住，那將會取得事半功倍的效果。

一、在對方情緒高漲時

人的情緒有高潮期，也有低潮期。當人的情緒處於低潮時，人的思維就顯現出封閉狀態，心理具有逆反性。這時，即使是最要好的朋友讚頌他，他也可能不予理睬，更何況是求他幫忙。而當人的情緒高漲時，其思維和心理狀態與處於低潮期正好相反，此時，他比以往任何時候都心情愉快，說話和顏悅色，內心寬宏大量，能接受別人對他的求助，能原諒一般人的過錯；也不過於計較對方的言辭，同時，待人也比較溫和、謙虛，能程度不同地聽進一些對方的意見。

因此，在對方情緒高漲時，正是我們與其談話的好機會，切莫坐失良機。

二、在為對方幫忙之後

中國人歷來講究「禮尚往來」、「滴水之恩當以湧泉相報」。在你為他幫了一個忙後，他就欠下了對你的一份人情，這樣，在你有事求他幫忙的時候，他必然要知恩圖報。在不損傷對方利益的前提下，他能做到的事情，一般情況下會竭盡全力去幫你。「將欲取之，必先予之」，託人辦事的時機，我們是可以進行預先創造的。

04 火候不到再努力也沒用

辦任何事情都應有輕重緩急之分，有的事發生後，必須馬上處理，延誤了時間就可能與預期目標相悖離，或是財產損失加大，或是身家性命有危。

但是有些人際關係的處理，發生之時立即解決，卻可能會火上加油，使事態發展愈嚴重，而冷卻幾日，讓當事人恢復理智以後再處理，就可能會大事化小，小事化無。所以，在過程中，處理事情就要掌握好火候，這對事情的成敗至關重要。

像我們都熟知的「將相和」歷史故事，如果藺相如在廉頗正氣勢洶洶之時，去找他解釋，與他理論，即使和顏悅色、平心靜氣，廉頗也可能一句也聽不進去。這樣不但不利於解決矛盾，反而極有可能引起新的衝突，使事態更嚴重，對彼此雙方更為不利。

為掌握解決衝突的「火候」，有人找到了一種「百分之十法」，即事情發生後，再等一〇%的時間，這一〇%的時間，你的朋友或對方會因說出的話，辦過的事向你道歉；這一〇%的時間，也能使你的頭腦更清醒，而不至於在盛怒之下失去控制。

那麼我們依據什麼來分清輕重緩急，設定優先順序呢？善於辦事的高手都是以分清主次的辦法來統籌時間，把時間用在最有「生產力」的地方。面對每天大大小小、紛繁複雜的事情，如何分清主次，把時間用在最有生產力的地方呢？下面是三個判斷標準：

一、我必須做什麼

這有兩層意思：是否必須做，是否必須由我做。非做不可，但並非一定要親自做的事情，可以委派別人去做，自己只負責督促。

二、什麼能給我最高回報

應該用八〇％的時間做能帶來最高回報的事情，而用二〇％的時間做其他事情。所謂「最高回報」的事情，即是符合「目標要求」或自己會比別人做得更高效的事情。

前些年，日本大多數企業家還把下班後加班的人視為最好的員工，如今卻不一定了。他們認為一個員工要靠加班來完成工作，說明他可能不具備在規定時間內完成任務的能力，工作效率低。

社會只承認有效勞動。因此，勤奮＝效率＝成績÷時間。勤奮已經不是時間長的代名詞，勤奮是最少的時間內完成最多的目標。

三、什麼能給自己最大的滿足感？

最高回報的事情，並非都能給自己最大的滿足感，均衡才有和諧滿足。因此，無論你地位如何，總需要分配時間於令人滿足和快樂的事情，唯有如此，工作才是有趣的，並易保持工作的熱情。

經過以上「三層過濾」，事情的輕重緩急很清楚了，然後，以重要性優先排序（注意，人們總有不按重要性順序做事的傾向），並堅持按這個原則去做，你將會發現再沒有其他辦法比按重要性做事更能有效利用時間了。

練習分清事情的輕重緩急，逐步學習安排整塊與零散時間。利用好零散的時間做事，往往可以在不知不覺中完成繁瑣的雜務。

05 辦完事後不要過河拆橋

著名心理學家威廉．詹姆斯，在著書期間生病住院。那個時候，有位朋友送給他一束花和寫著感謝的卡片，詹姆斯博士在回函中寫道：「人性最深處——渴望被人感謝。」同樣地，在求人幫忙時，你用真誠的心去感激別人，就會拉近心與心的距離，形成良好的人際關係。在此，你要記住的是，無論事情辦成與否你都應該感謝對方。

但是，在求人時，往往有許多人存在這樣的心態：對方幫自己的忙，如果辦成了，理所當然地要感謝對方。但如果事情沒有辦成，就不太需要感謝對方了，更有甚者還會埋怨對方。這種心態是不對的。即使對方沒有幫你把事情辦好，但他也許也已經盡了自己的最大努力，沒有辦成事，可能是由於其他原因所致，而不是他的原因。因此，這種情況下你依然需要感謝對方。

求人幫忙，不管對方是不是把事情辦成了，你都要感謝他們。因為，在現實生活中，求人辦事並不是「一錘子」買賣，可能這次因為種種原因對方沒有幫你把事情辦好，但說不定下次他就有機會幫助你辦好其他事情。

如果你認為對方這次沒把事情辦好，就沒有必要去感謝他，好像無功就不應當受祿，不值得去感謝，這樣，對方就會認為你這個人沒有人情味，以後就不太可能再幫助你了。

福特是美國石油大王洛克菲勒的好友，也是幫助他創建標準石油公司的夥伴之一。但有一次，洛克菲勒與福特合資經商，因福特投資失誤而慘遭失敗，損失巨大，於是福特心中很感不安。

有一天，福特走在路上，正巧發現洛克菲勒與其他兩位先生走在他後面，他覺得沒臉回頭，於是假裝沒看見他們，一直低頭往前走。就在這個時候，洛克菲勒叫住了他，走上前拍了拍他的肩，微笑著說：「我們剛才還正在談有關你的事情。」

福特臉一紅，以為洛克菲勒要責怪他，說：「太對不起了，那實在是一次極大的損失，害我們損失了……」

想不到洛克菲勒若無其事地回答道：「啊，我們能做到那樣已經難能可貴了。這全靠你處理得當，還讓我們能保存剩餘的六〇％，這已經完全出乎我的意料，真的很謝謝你！」

洛克菲勒沒有因為福特沒把事情辦好而去埋怨他，相反的，還找出了讚美和感謝的理由，這出乎福特的意料之外。此後，福特更努力的做事了，後來不僅為洛克菲勒挽回了損失，而且還為公司賺了不少的錢。

由這個例子中洛克菲勒的表現我們也可以看出：求人幫忙，不要太苛求，只要對方為你做事，無論事情辦成與否，你都應向對方表示一定的感謝，這無疑會給幫忙的人信心和鼓勵，使得兩人的感情更為融洽，也為對方下一次幫你預留了感情的資本。

如果別人為你做事歷盡周折，但因種種原因沒有幫你把事情辦成，而你卻連句「謝謝」和鼓勵的話都沒有，那就不要期望對方以後會再幫你做任何事情了。

06 微笑是做事的一把鑰匙

生活中，很多人都已經意識到了衣著打扮對自己社交和辦事的重要性。因此，出門辦事之前，我們總會對著鏡子特意打扮一番。但是，我們也不可以忽略了外表所展現的另一種魅力作用，那就是你的微笑。微笑可以解決問題，微笑能夠解決問題，這是個真理，很多有經驗的成功人士深有體會，但還有很多人沒有意識到微笑會對事情產生的影響。

所有的人都希望別人用微笑去迎接他，而不是橫眉豎眼，橫眉豎眼阻礙了心靈思想的交流。所以，有的公司在招聘員工時，以面帶微笑為第一條件，他們希望自己的員工臉上掛著笑容把自己的公司推銷出去。用微笑先把自己推銷出去，最好的例子是美國聯合航空公司。公司宣稱，他們的天空是一個友善的天空、微笑的天空。的確如此，他們的微笑不僅僅在天上，在地面便已開始了。

有一位名叫珍妮的小姐去參加聯合航空公司的面試招聘，當然她沒有任何背景，也沒有熟人，也沒有先去打點，完全是憑著自己的本領去爭取。後來她被錄取了，你知道原因是什麼嗎？那就是因為珍妮小姐臉上總帶著微笑。

令珍妮迷惑不解的是，面試的時候，主管人員總是故意把身體轉過去背著她。千萬不要誤會這位主管人員不懂禮貌，原來他在體會珍妮的微笑，感覺珍妮的微笑，因為珍妮應徵的職缺是必須透過電話工作的，是有關預約、取消、更換或確定飛機班次的事情。那位主試者微笑著對珍妮說：「珍妮小姐，妳被錄取了，妳最大的資本是妳臉上的微笑，妳要在將來的工作中充分運用它，讓每一位顧客都能從電話中體會到妳的笑容。」

雖然可能沒有太多的人會「看見」她的微笑，但他們透過電話，可以知道珍妮的微笑一直伴隨著他們。聯合航空公司之所以取得驚人的運載數字，從這裡就可見一斑。

在人的所有表情之中，最有魅力、最有作用的，當屬微笑。而真正因微笑走向成功的應首推美國的商業鉅子希爾頓。從一九一九年到現在，希爾頓旅館遍佈世界五大洲的各大都市，成為全球規模最大的旅館之一。幾十年來，希爾頓旅館生意如此之好，財富增加得如此之快，其成功的祕訣之一，依賴於服務人員「微笑的影響力」。

希爾頓旅館總公司的董事長康納．希爾頓在幾十年裡，他向各級人員（從總經理到服務員）問得最多的一句話是：「你今天對客人微笑了沒？」

他諄諄告誡員工，無論旅館本身遭遇的困難如何，希爾頓旅館服務員臉上的微笑永遠是屬於旅客的陽光。他說：「請你們想一想，如果旅館裡只有一流的設備而沒有一流服務員的微笑，那些旅客會認為我們供應了他們全部最喜歡的東西嗎？如果缺少服務員的美好微笑，就好比花園裡失去了春天的太陽與微風。假若我是顧客，我寧願住進雖然只有殘舊地毯，卻處處見到微笑的旅館，也不願走進只有一流設備而不見微笑的地方……」

希爾頓的名聲顯赫於全球的旅館業。希爾頓旅館的服務人員總是會想到的，是他們的老闆可能隨時會來到自己面前再提問那句名言：「你今天對客人微笑了沒？」

微笑當然是指那些由內心生出，絕對真誠的微笑。一個大公司的人事經理經常說道：「一個擁有純真微笑的小學畢業生，比一個臉孔冷漠的博士更有用，因為微笑是工作人員的基本要求，也是公司最有效的商標，比任何廣告都有力，只有它能深入人心。」

而隨時保持微笑的儀態，更是有利於增強你做事的效果。滿臉笑容地迎接客人，微笑會使對方感覺你如同親人；滿臉笑容地託別人幫忙，微笑會增加對方拒絕你的難度。

有時候，為了辦好事情，儘管我們沒有微笑的心情，但關鍵時刻，也必須調整自己笑臉對人。西方有句諺語：「不會笑就別開店。」中國人也說：「笑口且長開，財源滾滾來。」微笑，是人類最美好的形象，它吸引著幸運和財富。

07 一諾千金贏得信譽

戴爾．卡內基曾經說過：「任何人的信用，如果要把它斷送了都不需要多長時間。就算你是一個極謹慎的人，僅須偶爾忽略，多麼好的名譽，便可立刻毀損。所以養成小心謹慎的習慣，實在重要極了。」

縱觀已趨合理競爭的商業市場，信譽之戰已成為企業生存的生死之戰。取信於民為企業發展的重要手段，「重口碑也很重要，凡是應承的一定都要做到」。這是作為商人所必須做到的。

翻閱美國商業史，我們可以看出，五十年以前生意興隆的大商店，到今日依然存在的，真是寥若晨星。那些商店在當時如雨後春筍，生機勃勃，但他們卻刊登各種欺人的廣告，做各種騙人的勾當，而且這種風氣還盛極一時。

然而他們當時一點也沒有意識到這樣做的企業壽命是無法長久的，因為這種行為缺少人格、信用做後盾。它們沒有意識到這種行為終究是不可靠的，它們雖能一時欺騙得逞，但這種欺騙不久是會被發現的。其結果是它們自己被顧客冷落，以致衰微而終告失敗。

還有什麼比讓別人都信任你更寶貴的呢？有多少人信任你，你就擁有多少次成功的機會。成功的大小是可以衡量的，而信譽是無價的。用信譽獲得成功，就像用一塊石頭換取同樣大小的金子一樣容易。一個言行誠實的人，因為自己感到有正義公理作為後盾，所以他能夠毫無愧色，不畏縮地面對別人。

一九六八年，日本商人藤田田曾接受了美國油料公司訂製餐具三百萬個刀與叉的合約。交貨日期為九月一日，在芝加哥交貨，要做到這一點就必須在八月一日由橫濱發貨。

藤田田組織了幾家工廠生產這批刀叉，但由於他們一再誤工，預計到八月二十日才能完工交貨，所以由東京海運到芝加哥必然耽誤交期。藤田田當下決定租用泛美航空公司的波音貨運機空運，繳了三萬美元空運費讓貨物及時運到。

這次雖然損失極大，但也贏得了客戶的信任，還維持了良好的合作關係，並保證了信譽。

當然，也有一些政客不講信用，並以這種不講信用的詐術為榮，對這種人應該採用防患措施。

如秦王嬴政命大將王翦領兵去消滅六國，王翦馬上提出條件，要秦始皇立刻給他晉爵封地賜金子，否則他就不幹。最後秦始皇不得不依了他。

有人問他為什麼要這樣性急，他說：「大王這個人不太講信用，會過橋抽板，事後不認帳。他想賒帳，我不馬上要，以後就要不到的。」

對待對手的詐術，你可以回敬以詐術，如果對於這種人卻仍用所謂的「信」，這就難免要吃虧。無論如何，凡事應該以信譽為基礎，只有具備了信譽這項良好的資本，你才能被人信賴。有些人雖然非常重信譽，但卻找不到表現的方法，這時你不妨試試下面的幾種做法。

一、提前五分鐘以上到約會地點，可表現你的誠意

守時是每個人都應具備的美德，經常遲到會留給人毫無誠意的印象。因此，如果是你提出的約會，請比約定時間早五分鐘以上到達目的地，這一點很能表現你的誠意。

即使你是準時到達，如果對方已經在等你，對方心裡會想：「是你提出的約會，自己還比我晚到。」這樣你的誠意就大打折扣了。此外，你要比對方早到的話，可以先熟悉一下周圍的環境，醞釀一下和對方見面時的話題，準備充分才能順利達到辦事的目的。

二、直說自己的不利，表現你的責任感

一般人在碰到不利於自己的事情或想提出什麼要求時，往往先做一大堆鋪陳，拐彎抹角地先講很多和主題無關的話，最後才說出自己的本意，但這種做法會使對方覺得你沒有誠意。如果你沒有任何開場白，直接地表明你自己的意圖：道歉或要求，這樣不但不會引起對方的反感，反而會使人覺得你有責任感和誠意。

三、不懂時直說，不要裝懂

有時候為了隱藏自己的弱點和無知，人們喜歡擺出一副不懂裝懂的姿態，殊不知這樣反倒會給人一種淺薄的感覺。如果你對不懂的事情坦率地說不知道，還可以成為一種有效的表現自我的方式，因為坦率本身就會給人一種強烈的印象，認為你有誠意。除此之外，從某種角度看來，你還具有一種敢於承擔責任的自信。

四、給對方出乎意料的道歉，可給對方誠實的印象

當對方的錯誤給自己帶來麻煩或造成傷害時，都希望對方向自己道歉，並且有一個衡量其誠意的標準，亦即期望值。如果你的期望值為十分，對方卻只給你五分的道歉，你就會認為這個人毫無誠意，內心對他的反感反而會增加。如果你只抱著五分的期待，而對方卻給了你十分的道歉，大大超出你的期待，就會由衷地感到對方確實誠實可信，心中的不快也就消失得無影無蹤了。因此，由此及彼，當你錯了時不妨借鑑這種方法，給予對方超出他期望值的道歉，你

的誠意會給他留下深刻的印象。

五、稍微表露自己的不足，會讓人覺得你很誠實

維納斯之所以被人譽為美神，就在於她的殘缺美。折斷的雙臂不僅沒讓她黯然失色，反而使她聞名世界。所以，不要怕暴露你的缺點。有時，稍微表露一些缺點用以表現你的誠實，是提升自我形象的有效手法。但要注意，不要讓自己所有的缺點都「一覽無餘」；因為這樣一來，別人只會覺得你毛病太多，一無是處。

當你經由這些給別人留下誠實守信的印象後，你的辦事效果就會大大提升。

08 說話做事要恰到好處

求人辦事，讚美別人是常有的事，但是讚美也是要講究一定的尺度的。人不分男女，無論貴賤，都喜歡聽合其心意的讚美。同時，這種讚譽，能給他們加倍的能力、成就和自信的感覺。這的確是感化人的有效的方法。然而，讚美不當，恰似明珠暗投，更有甚者，反而激起疑惑，甚至反感，這便是懂得頌揚卻沒有掌握頌揚的分寸。所以讚美他人時應注意以下幾個尺度：

首先是要實事求是。讚美要出自真心實意。如果是言不由衷或言過其實，對方就會懷疑讚美者的真實目的。其次是要雪中送炭。最有效的讚美不是「錦上添花」，而是「雪中送炭」。最需要讚美的不是那些早已名揚天下的人，而是那些自卑感很強的人，尤其是那些被壓抑、自信心不足或總受批評的人。他們一旦被人真誠地讚美，就有可能尊嚴復甦，自尊心、自信心倍增，精神面貌煥然一新。

另外讚美要具體，不要含糊其辭，含糊其辭的讚美可能會使對方混亂、窘迫、緊張。讚美越具體，說明你對他越瞭解，進而能拉近人際關係。此外，值得讚美的不僅是他身上眾所周知的長處，更應是那蘊藏在他身上既可貴又鮮為人知的優點。適度的讚美使人振奮鼓舞。反之，則使人難堪、反感，或視之為恭維、奉承，或疑心你在諷刺、挖苦。讚美的內容要適度，要恰如其分；讚美的方式、地點要適宜；讚美的頻率要適當。

只有掌握好讚美的尺度才能錦上添花，否則一旦太過就可能使得所辦之事一敗塗地。值得注意的是，對別人的讚美不應該總是絕對的。像「最好」、「第一」、「天下無雙」這類的帽子別亂戴。有個企業的廣告詞說：「只有更好，沒有最好。」就顯示了企業的真誠承諾，而不是嘩眾取寵，華而不實。

實際上，一般人都對自己有個客觀的認識和評價，如果你的讚美毫無遮攔，就會讓人感覺你曲意奉承，難以接受。讚美時必須記住：一個人的成績和優點畢竟是有限的。

除了要把握讚美的分寸外，還要把握恭維的分寸。在求人辦事時還需要恭維對方，當然恭維也是要講究分寸的。恭維的分寸掌握得如何，往往直接影響著辦事的效果。恰如其分、不留痕跡、適可而止的恭維是成功辦事的祕訣。而不合乎實際的恭維其實是一種諷刺。違心地迎合、奉承和討好也有損自己的人格。

適度得體的恭維應建立在理解他人、鼓勵他人、滿足別人的正常需要及為人際交往創造出和諧友好氣氛的基礎上，那種帶著不可告人目的的曲意迎合是人們所不齒的。比如在恭維時，過多華麗的辭藻、過度的恭維、空洞的奉承，只能使對方感到不舒服，不自在，甚至難堪、肉麻和令人厭惡，其結果往往會適得其反。

須知，恭維別人並不是輕而易舉的事，高帽儘管好，可尺寸也得合乎規格才行，濫做過重的高帽是不明智的。恭維招致榮譽心，榮譽心易產生滿足感，但人們發現你言過其實時，常常因此而感到他們受到了愚弄。所以寧可不去恭維，也不宜誇大無邊。

同他人辦事時，需要注意交談的語言，為了把握好這一點，可以在與人交談時選擇一個合適的場所。這樣，既便於雙方交談，又不影響他人。俗話說，「菜的味道在鹽裡，人的身分在話裡」，因此談話時應注意場合，弄清對方的身分，以便說話得體，分寸適當，有針對性。比如，私下交談與當眾交談；異性在場與不在場；喜慶場合與悲傷場合；對方高興與不高興；與長者還是與晚輩交談，等等，談話時的口氣、內容都應注意分寸。同樣的話，在一種場合可能合適，而在另一種場合就可能不適合。

注意交談的語言還要從以下幾個方面做起：俗話說：「說話要說在點子上。」說話要簡潔明瞭，切忌喋喋不休，不著邊際，讓人聽了半天，弄不清你究竟說了些什麼。說話聲音要適中；語氣要平穩輕柔；語調要抑揚頓挫，富有韻律和感情，千萬不要像開機關槍，也不要像老和尚念經。注意交談時的語言，會給別人留下美好的印象，這樣求人辦事也就變得容易多了。

09 送禮要懂送禮心理學

求人辦事總免不了要送別人些禮物以表示自己的誠意，但殊不知，送禮也是一門學問，值得人們好好研究一番。

既然是要送禮給別人，當然要好好研究一下別人的心理。心理學是一門高深的學問，而將其運用到送禮之中，根據對方的心理需求去送禮，就會收到絕佳的效果。下面是從心理學這一角度出發得出的送禮應注意的問題。

一、透過禮物可以看出送禮者的性情愛好

每個人對禮品的選擇，經常在無意識中透露出自己的喜好，即便是價格頗為高昂，也會產生「這也是自己所喜愛的」這種心理，而不去在乎其價格的高

低了。

然而從另一個方面來說，這也就帶有一種強加於人的色彩，容易給對方一種強迫感。因此，請記住：一味地選擇自己所喜歡的禮物送給別人將失去送禮的意義，只有贈送對方所需要的，並且能真正表達自己誠意的禮物，才是真正「送禮的藝術」。

二、禮品價值高低，取決於雙方的地位和關係好壞

受到別人的照顧或恩惠時，必定為了表達謝意而送禮。然而，送禮卻給許多人造成不少的困擾。其實，送禮金額高低往往決定於對收禮者的印象。在節慶前夕，許多商場的禮品櫃檯前都會聽到許多夫妻低聲商討「是否太失禮了」、「不值得送如此昂貴的東西」之類的話。

反之，從收禮者的角度來看，若得到的遠比預期的低，可能會感到不悅，甚至比沒有送禮來得更為氣憤；可能責備對方「不識時務」、「沒有禮貌」等，有種身分地位被貶低的憤怒。

三、送給對方家人喜歡的東西能加強對方對你的好感

有句話說：「擒賊先擒王。」用來形容這種情形，或許不是十分適當；但事實就是如此，有時送對方本人喜歡的東西，還不如送其家人喜歡的東西，更能加強對方對你的好感。

尤其重要的是，像這種針對家人的送禮方式，有時還會讓彼此之間的交情在質的方面產生變化等意想不到的效果。但需留意的是：像這種情形的送禮，其送禮的內容多少應有點意外性，要讓別人產生驚喜的感覺，否則效果不會太好。

四、人在困難時，接受少量的資助會覺得格外感激

有位著名的畫家年輕時代過了一段非常困苦的生活，經常三餐不繼。有一次，他把一幅連自己都沒信心的畫拿到畫商那裡，畫商看了半天，付給他一筆在當時他認為很多的錢。就畫家來說，畫商並非買了這幅畫，而是給了他前途。此後他也終於成功了。

那筆金額是否很高呢？其實不見得，但直到今日，那位畫家對這筆款項一定還覺得非常龐大。人在困厄消沉中，有人向他伸出的援助之手，可以使人產生長久的感恩之情。由此可見，在別人困難時，你的禮物比在別人發達時你再送的禮物要珍貴得多。

如上所述，在送禮時懂點送禮心理學，將會使你順利地送出禮物，達成自己的心願。

10 求人辦事等於給對方機會

公司是艘船，要想讓這艘船平穩行駛，就需要同事之間密切配合。求同事辦事就等於為他提供了一次表現個人能力的機會。因此，該開口時就開口。如果在做事時，不會利用同事關係，不但有些事做起來費勁，還容易讓人覺得你沒有人緣。

每一個人在單位都有表現自己的欲望，求同事辦事就等於為他提供了一次表現個人能力的機會。那麼，我們該怎樣利用同事辦好事呢？下面六點需要你在過程中特別注意。

一、託同事做事要有誠意

同事之間瞭解得比較多也比較深，如果找同事幫忙躲躲藏藏、神神祕祕，不把事情說明白，容易使同事產生你不信任他的感覺。因此，找同事幫忙要先說明究竟要幫什麼事，坦言自己為什麼辦不了以及為什麼需要找他。這樣，同事只要能辦到的事，一般是不會回絕你的。

二、託同事做事要注意禮貌

同事不是朋友，一般都沒有太深的交情。因此，說話一定要客氣，而且要以徵詢的口氣與同事探討。受到如此的尊重，同事如果覺得事情好辦，自然會自告奮勇地幫忙，幾句客氣話，省卻許多麻煩。事成之後，一般不要用錢來表示謝意，會給大家留下壞印象。

三、託同事辦的事要有的放矢

託同事幫忙之前，要先知道你這位同事的社會關係，以及他是否做起來不會有太大的難度。只有掌握了這些情況，你才能做到張口三分利，也不至於叫同事左右為難。

四、要注意有些事不能託同事辦

自己能做的事儘量自己做，這樣的事求同事會使人感到你以老大自居，不把同事的當回事，而影響了同事之間的感情。另外，需要請客送禮的事不要託同事辦，和同事利益相抵觸的事也不能找同事去辦，即使這利益涉及的是另一個同事。

五、請求同事，動之以情

請同事幫忙時態度一定要誠懇，要動之以情，曉之以義。需將事情的前因後果、利害關係說個清清楚楚。要說明為什麼自己不能處理或處理不了而去找他。總之，因為同事對你知根知底，你的態度越誠懇，同事也就越無法拒絕你。

六、洞察同事的心理

想請同事幫忙，就得先洞察對方的心理，看對方願不願意幫你，能幫到什麼程度，假如對方根本無法完成此任務，你求他也是白求。洞察同事心理最好的辦法就是透過對方無意中顯示出來的態度及姿態，瞭解他的心理，有時能捕捉到比語言表露更真實、更微妙的思想。

例如，對方抱著手臂，表示在思考問題；抱著頭，表明一籌莫展；低頭走路、步履沉重，說明他心灰氣餒；昂首挺胸、高聲交談，是自信的流露；女性一言不發，揉搓手掌，說明她心中有話，卻不知從何說起；真正自信而有實力的人，反而會探身謙虛地聽別人講話；抖動雙腿常常是內心不安、苦思對策的舉動，若是輕微顫動，就可能是心情悠閒的表現。

當然，對請託對象的瞭解，不能停留在靜觀默察上，還應主動偵察，採用一定的偵察對策，去激發對方的情緒，這樣才能夠迅速準確地掌握對方的思想脈絡和動態，進而順其思路進行引導，這樣的會談易於成功。

11

請客吃飯也要找個好理由

現在職場上的很多吃喝，那酒、飯、菜，其實也都屬於附屬品。請客吃飯在很大程度上已失去了原來意義，變成了一種排場，一種面子，一種投資，一種交易，一種手段。因此，有人戲言，「做事情離不開請客吃飯」。

一、請上司吃飯

宴請上司時，你需要加倍小心謹慎。畢竟他不同於一般的親戚朋友，宴請不得當不僅辦不成事，還會影響自己以後在公司的發展。所以，在宴請上司時一定要注意以下幾個方面：

◆慎重邀請上司吃飯——身為下屬，邀請上司吃飯要慎重對待，即使與他之間有深厚的交情，也不可大意。如陳勝、吳廣反秦起義初步勝利後，陳勝在耕田時的一幫朋友去找陳勝吃飯，因為陳勝曾經說過：「苟富貴，勿相忘。」其中一個人因為老是叫陳勝落魄時的小名，陳勝後來竟找個理由把他殺了。

請上司吃飯，首先要選擇時機，如：很重要的工作告一段落，最好是大功告成，任務圓滿完成半月之內，或者你剛得到提升或者你想給上司一個很重要的建議時，可宴請對方。

◆與上司進餐的注意事項——在工作酒會、宴會中，一定要等到上司舉杯了，你才能舉杯，或者你可以舉杯敬他。可千萬不要拿起杯一句話不說一飲而盡，更不要在上司面前喝醉失態。邀請經理攜配偶用餐，其他人的配偶也應參加。當然，也有例外，若客人的配偶目前在上班，未予邀約則並不失禮。

有「外人」在場，一定要表現出對上級的尊重，千萬不要像在公司一樣隨意開玩笑。如果前夜上司請客吃飯或喝茶什麼的，第二天見到對方時一定要再次致謝。也可以送個小紀念品以示謝意，哪怕是一張卡。特別注意不要在上司面前道人是非。

二、請同事吃飯

與同事吃飯時，要注意以下幾個方面。許多公司有不成文的習慣，就是升職要請客，你若身處這樣的公司，當然要入境隨俗。相反的，有同事表示要請客祝賀你，你也要答應，否則就是不給面子，不接受人家的好意。

不過，答應之餘，請考慮：對方是否一向與你投契得很，純粹是出於一片真心嗎？還是彼此只屬泛泛之交，此舉只是「拍馬屁」？前者你自然可以開懷大嚼，至於後者，吃完之後你最好反過來做東，這樣既沒接受他的殷勤，又沒有得罪對方。

◆不談同事的隱私——即使閒聊也不可以談論同事的隱私，如被心懷不軌的同事聽到，很可能會加油添醋地到處宣揚。這樣，別的同事怨恨你，你就會處於非常不利的境地。

◆不要在同事面前批評上司——有人在白天被上司沒道理地罵一通之後，喜歡晚上約個同事喝一杯，然後對著同事發牢騷。這種事情一定要避免。不論多麼值得信賴的同事，當工作與友情無法兼顧的時候，朋友也會變成敵人。在同事面前批評上司，無疑是自丟把柄給別人，有一天身受其害都不自知。所以，請同事吃飯時也要多留意。

三、請下級吃飯

要照看好一個團隊需要足夠的「外交」技巧、親和力、公平性和策動力。要鼓勵你的團隊成員努力工作，在他們取得成績時還要給予獎勵。如果公司不能為他們加薪，你不妨自掏腰包請大家出去吃一頓飯。不過在你請別人吃飯時，不能擺出一副施恩者的面孔。

四、請客戶吃飯

同客戶辦事，邀請客戶吃飯是很正常的事情。也許是因為這個原因，所以有很多人忽視了請客戶吃飯必須注意的事項。如果你想跟客戶保持良好的合作關係，那麼最好從以下幾方面多加注意。

◆邀請——儘量不要帶著你的伴侶，因為他或她不是所有人都認識，你會整晚都夾在他們之間。如果你跟你的伴侶並非從事同一種職業，還是不要帶他或她去了。

◆迎客——如果你先到，應該讓客戶感到賓至如歸，把他們引薦給重要人物。進入酒店隨員和上司一樣要盡地主之誼，以目光和手勢示意客戶，請他走在前面，同時可以配合語言提示：「劉經理，您先請！」

◆就座基本原則——面對大門的位子為主位，就是主人坐，客戶要坐在主人右手的第一個位子，隨員要坐在主人左手的位子。隨員要等上司和客戶先落座後再坐下，至於是否需要替客戶拉椅子則不一定，因為隨員如果是年輕女性，客戶反而會很不自在。

◆點菜「客隨主便」——客人一般不瞭解當地飯店的特色，往往不點菜，那麼，上司就有可能示意隨員點菜。此時，隨員要同時照顧上司和客戶的喜好，也可以請服務生介紹店內特色，但切不可耽擱時間太久，過分講究點菜反而讓客戶覺得你做事拖泥帶水。點菜後，可以請示「我點了菜，不知道是否合二位的口味」，「要不要再來點其他的什麼」，等等。如果事前能與酒店打過電話聯絡，提前擬定菜單，那就很周到了。

◆添茶——如果上司和客戶的杯子裡需要添茶了，隨員要義不容辭地去做。你可以示意服務生來添茶，或讓服務生把茶壺留在餐桌上，由你自己親自來添則更好，這是不知道該說什麼好的時候最好的掩飾辦法。當然，添茶的時候要先給上司和客戶添茶，最後再給自己添。

◆離席——用餐完畢，大家還要聊天一會兒，這時是去洗手間的最好時機，尤其是你發現上司和客戶的談論話題比較深入的時候。

◆結帳——不要讓客戶知道用餐的費用，否則就是失禮。因為無論多少，都是主人心意。

職場贏家：只有更好，沒有最好！

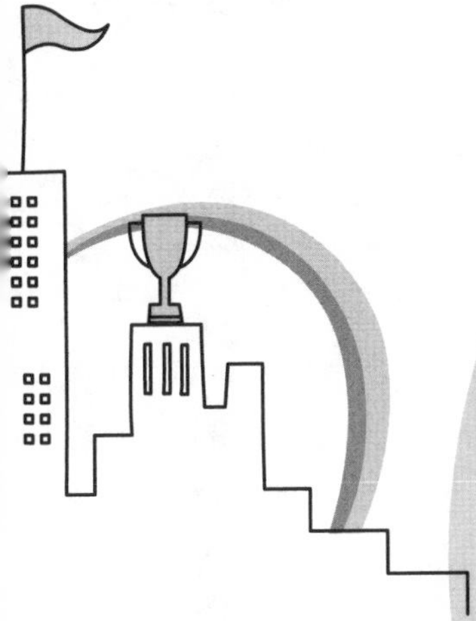

Chapter 4

上司的心思 要用心猜

01

大多數上司不希望被看透

在人際交往中，要想贏得上司的好感，就必須時刻留意對方的興趣、愛好，明白上司的意圖，理解上司的心思，這樣才能投其所好，「對症下藥」。

在和上司相處時，要根據他的性格特點和其好惡，對自己的為人處世方式做一些必要的修正，以便迅速贏得上司的好感，建立起一定的感情。在此基礎上，上司才會有興趣深入瞭解和考察你的才幹，並使你「英雄有用武之地」。

投其所好、曲意逢迎不僅是一種做官的手段，更是一門高深的處世藝術。當然，我們並不主張人們整天去揣摩上司的意圖，圍著上司轉，處處溜鬚拍馬。但只要你仔細觀察，便不難發現，現實生活中，上司說你行，你就行，不行也行的現象太多，人們必須學會如何鑽進上司心眼裡，才能避免「說不行，就不行，行也不行」的難堪局面。

建治畢業後初入社會，在某家公司外貿部就職，不幸碰上一個愛拍馬屁，什麼本事也沒有的頂頭上司，此人每天下班後沒什麼事也要跟著外方課長拼命「加班」，無事生非，把白天整理好的檔案弄得一團糟，出了錯，又把責任推給建治。

建治不是一個會「爭」的人，只好忍氣吞聲地等日本課長長出「火眼金睛」看出此中曲直來，結果等了三個月，還是等不到一句公道話。

一氣之下，建治辭職去了另一家公司。在那裡，他出色的工作博得了許多同事的稱讚，但無論怎樣也無法使苛刻、暴躁的經理滿意。心灰意冷間，他又萌動了跳槽之念，於是向總經理遞交了辭呈。

總經理沒有挽留建治，只是告訴他自己處世多年得出的經驗法則：如果你討厭一個人，那麼你就要試著去愛他。總經理說，他就曾雞蛋裡挑骨頭一般在一位上司身上找優點，結果，他發現了上司的兩大優點，而上司也逐漸喜歡上了他。

建治依舊討厭他的經理，但已悄悄收回了辭呈。他說：「現在想開了，作為一個成熟的人應該放開心胸去包容一切，愛一切，我現在正在努力尋找經理的優點。」

所以，想讓上司喜歡並且器重你，就先要學著發現對方的優點，只有這樣，你才能「愛」上上司，進而使上司接受你。只有這樣，你才能獲得重用和提拔的機會。但要做好這點不是容易的事，要規避以下方面：

一、不以第一印象作為取捨判斷的惟一標準

第一印象，也就是第一次對人形成的印象，它往往最深刻，而且常會成為一種基本印象而影響對他人各方面的評價。俗話說，先入為主，講的就是這個道理。人們很重視給別人的第一印象，但也該看到，第一印象得之於較短時間的接觸，又無以往的經驗作參照，主觀性、片面性較強。

所以，一定要注意其消極的一面，既不能因第一印象不好而全盤否定，又要防止被表面的堂皇所迷惑，「金玉其外，敗絮其中」，這樣的例子也屢見不鮮。

要練就透過現象看本質的本事，在長期的相處中全面、正確地認識和瞭解他人。

二、不因一時一事評價人

某人剛犯了一個大錯誤，於是就說他從來就不是好人，這是近因效應在作怪。在較為長期的交往中，最近的印象比最初的印象更佔優勢，這是一種心理慣性。由於這種慣性的作用，人們往往會以最近的印象來評價人。

另外，還有所謂「光環」效應，即人的一種優點、優勢放大變成了籠罩全身的「光環」，甚至原來的缺點也被掩蓋或者蒙上了一層奪目的光彩，這種對他人認知的最大失誤就在於以偏蓋全。

「借一斑而窺全貌」並不總是適合於一切人和事，個別和局部並不一定能反映全部和整體。在人的諸多行為或性格特徵中抓住某個好的或不好的，就斷定他是好人、壞人，無疑是幼稚的。恰當地、全面地認知他人，就要克服說好全好、說壞全壞的絕對化行為。

三、切莫先入為主

第一印象固然是一種先入為主，除此之外，在我們的頭腦中，總有一些先在的、得之於各種途徑的觀念，並常常以此來評價和判斷他人，因為這樣所耗費的心理能量最少，也就是說，它最省事。

但是，圖省事往往會造成一些認知偏差。比如美國人開放，英國人保守，商人精明世故，農民老實本分……這些說法雖與某些人的特徵相吻合，但絕不是個個如此，還要「具體問題具體對待」。人如其面，各各不同，不能用概念來衡量人，把人簡單化。

四、不以自己的好惡評價人

每個人都有自己的好惡，如果投你所好，你就全面肯定，不合你的胃口就一棒打死，讓個人好惡蒙蔽了眼睛，你當然很難發現別人真正的優點。

02

任何人都不排斥被追的感覺

「崇拜」老闆首先要學會忍耐和寬容，把出風頭的機會留給老闆以滿足其成就感。當然，這一切要做得巧妙些，老闆知你知，別人就不得而知了，否則將會弄巧成拙。

從前，有一名七品縣官審案，原告名叫「冉佳俊」，可是這縣太爺原是靠錢買官來做的，年少時書讀得不多，也識不了幾個字。

「再往後。」

原告便往後退了兩步。

「再往後。」

原告聞言又往後退了兩步。

「再往後。」

原告已經退到了牆角，無法再往後退，「縣大老爺，後面已經是牆，無法再退了。」

「退什麼退？我在叫你的名字。」

「可我的名字叫冉佳俊，不是再往後。」

這時堂上眾人，包括衙役全都哄堂大笑起來。縣官的臉皮掛不住了，遂把驚堂木一拍：「俊什麼俊，你一臉大麻子有多俊，拖出去重打四十大板。」

從這個例子我們可以看出原告自討苦吃就是因為他不夠聰明，當眾戳破了縣太爺的「面子」。所以為了博得老闆的歡心，忍耐是基礎，但這還不夠。一家大公司，員工可能幾百人，即使小公司也有幾十人，這種情況下除非你有特別突出的外貌或表現，否則老闆的目光很難投注到一名「小角色」的身上。

試想，連老闆的目光都難以投注到你身上，甚至不能多停留一秒，很顯然你留給老闆的印象必然平淡無奇，甚至在他的記憶裡根本沒有你，你還能奢談加薪升職嗎？

也許有人會說，只要時間一久，老闆便會記住我的。這話有一定道理，但你等待並不是一個好的辦法，甚至有些消極，有些頹廢，即使經過漫長的等待，老闆記住了你，也會因為你資質平凡，就算體恤你勞苦功高，最多不過給個「安慰獎」於你。

很多人都在平凡的崗位上做著平凡的工作，這些人也可能很少會有人注意，其實，要引人注意，就得製造機會使自己成為眾人注目的焦點，特別是要儘量將上司的目光吸引到你身上。

一般來說，焦點的產生有兩種辦法：一是工作表現特別出色；一是工作上的失敗。工作做得出色，是最好的方法，也是很常見的最基本的辦法。而且工作表現出色也是對每個優秀員工最基本的要求。

但工作上的失敗可以製造吸引上司目光的焦點嗎？當然能，雖然冒險的成分居多，但是與其臨淵羨魚，何不退而結網；更何況這也只是權宜之計而非長遠之謀。所以，你真正的目標是用暫時的失敗假象吸引上司的注意到第一步吸引達到，你就可以接近上司，讓上司看到你更多的優點。

但無論是上司還是同事人們總是不容易看到別人的優點，即使看到也盡可能地忽略，然而卻總是拿著放大鏡仔細尋找他人的缺點。「好事不出門，壞事傳千里。」殊不知，你正可利用人們的這種心理製造效應，那就是犯值得犯的錯誤。

漢武帝時，廣招天下有才能的人才，東方朔在那時得到選拔錄用。漢武帝命他當待詔，但俸祿微薄，而且不受重視。東方朔很想接近漢武帝，於是他想出一個冒險辦法。

一天，東方朔哄騙宮中看守馬圈的侏儒們說：「皇上認為你們這些人對朝廷無用，耕田勞作體力不夠，任職做官又不能治理政事，參軍入伍也不會指揮作戰，只會白白耗費衣食，如今想把你們全殺掉。」侏儒們聽說後十分害怕，哭了起來。東方朔教唆他們說：「皇上會從這裡經過，你們何不叩頭謝罪。」

當漢武帝前呼後擁地來到馬圈，侏儒們都跪在地上，一邊磕頭一邊痛哭。漢武帝很生氣，急忙把東方朔召來，責問道：「你膽敢編造謊言，該當何罪？」

東方朔正等待著這個機會，於是振振有詞地說：「我活著也要說，死也要說。侏儒身高三尺，俸祿是一袋粟，錢也是二百四十。侏儒飽得要死，臣卻餓得要死。如果臣的話可以採用，請用厚禮待我；不採用，請讓我回家，不要讓我尸位素餐。」

漢武帝聽了哈哈大笑，赦免了他的罪過。不久，東方朔被任命為金馬門待詔而得與皇帝有親近的機會。

東方朔的聰明在於他犯了值得犯的錯誤。他的「小聰明」之所以成功，是具有兩個前提的：一是他摸清了漢武帝的習性，知道他是任人唯賢的明君；二是他犯的錯誤看似愚蠢，實則巧妙，讓漢武帝不難看出他的才智。

以犯錯誤來求得老闆的注意，可說是劍走偏鋒的冒險的事情，正和古代宮娥嬪妃以「討打」方式博取君王的寵幸如出一轍。所以要想在冒險中增加成功的可能性，同時減少失敗的機率，作為下屬你首先必須對老闆的個性做一番瞭解，弄清老闆的脾氣，以便於因勢利導。

如果你的老闆沒有容人雅量，那就千萬不要去冒這個險，因為他只記得你的過失而忽略你的功勞。又比如你的老闆很精明而又猜忌心重，一眼看穿你的

「把戲」，那你故意犯錯的辦法就要謹慎小心些。

要選值得犯的錯誤，什麼才是堪稱「值得」犯的錯誤呢？那就是不管怎麼說，愚蠢的、粗心大意的、能避免的錯誤還是不要犯的好。比如說，你把工作忘了、上班遲到了、或把帳目弄錯了等錯誤切不可犯。

其實，想成為「追老闆族」並不難，除了以上的幾種方法，還有更多的讓人稱道的巧妙的做法，但所有這一切必須以你的忠誠和敬業為前提。

03

老闆希望下屬理解他而不是要他解釋

讀懂上司最能考驗一個人的「悟性」。經常聽到上司說某某人「悟性好，一點就透」，也經常聽到他抱怨某某人「不靈通，翻來覆去交代多少遍也不領會意圖」。由此可知，善於讀懂上司也是會表現的重要方面。

上司的意圖有時不會直截了當地表達出來，需要下屬仔細揣摩去做。原因是多方面的，比如，上司礙於自己的地位，不便隨意表態，但傾向性意見已不難忖度，這時你應該比較乖巧，不能強迫上司明確表態；上司需要助手幫忙腔，一個唱白臉，一個唱黑臉，這齣戲才能演好，這時就不能附和上司，和他一個調子；上司還沒有拿定主意，但迫於形勢只好模棱兩可地敷衍幾句，這時你就得穩重，私下找上司商量，不要貿然行事。還有一種情況是上司基於其地位的不同，只能用委婉客套的話說出來。

聰田剛調入製藥公司時，科長對他說：「你剛到公司，恐怕對此處的各種情況都很生疏，不妨先走走看看，等你把各處的具體情況熟悉了之後再說。」這位科長似乎十分通情達理，聰田也信以為真。他在公司裡悠閒地逛了一個月，沒做什麼具體工作。

沒料到，有一天科長突然把聰田叫去，用十分不快的口吻說：「我是欣賞你的工作能力才推薦你來公司的，可是許多職工都反映，你整天閒逛，懶懶散散，大家因此而滿腹意見，你可要注意影響，有點作為呀！」

聰田聽了以後，啞口無言。但他在心裡卻暗暗地想道：「不是你叫我走走看看，熟悉情況的嗎？我現在完全按你的吩咐去做，你反而責怪我了。」

這件事究竟是誰的過錯呢？我們只要稍加分析，就能發現，這應完全歸咎於聰田的天真和疏忽。聰田是被科長看中而特地錄用的。剛開始，科長的囑咐純屬客套，其背後的潛臺詞是：新進人員在不熟悉情況時貿然行事，容易遭到老職工的抵制，所以，謹慎小心為妙。

但是，聽田對科長的用意居然一無所知，天真地領會科長的客套話，並照辦不誤，因而出現了紕漏。此時，他若不受科長的責備，才是怪事呢！

作為下屬，必須掌握上司對你的期待，並且有所行動，否則的話，辜負了上司的期待，就談不上利用和推動上級並獲得他們由衷的讚美之辭了。

上司對部屬的期待，不會每次都以率直的語言表達出來，有時嘴上說「這樣做」，心中卻要求「那樣做」。也就是說，上司有時因為礙於情面，會用委婉暗示或其他曲折隱晦的方式把自己的要求說出來，因而，他所形之於語言的和他內心所期待的並不完全合拍，表裡一致。

準確瞭解上司的意圖是你與上司搞好關係的前提條件。每位上司由於各自背景的不同，其工作方法和思維方式也各不相同。因此，與不同的上司相處時，應根據其性格、思維方式，因人而異地選擇工作方法和處理方式。

瞭解上司的性格、工作方法和思維方式，不僅可以到實際工作中去揣摩，還可以透過各種途徑，如單位聚會、與上司一同出差等機會與其交流，增進彼此的瞭解，以便在工作中更好地配合上司的意圖，提高工作效率。

04

老闆的一舉一動都是有目的的

身體語言是一種無聲的語言，主要是靠身體和身體的動作輸出資訊，比如人的手勢動作、面部表情和體態姿勢等，作用於資訊接受者的視覺器官，以實現資訊發送者的目的而形成的一種「語言」表達方式，又可以稱為視覺語言或行為語言。與上司相處，讀懂他的身體語言有利於你更精準地瞭解他的意圖。

如果上司一面跟你談話，一面眼往別處看，同時有人在小聲講話，這表明剛才你的來訪打斷了什麼重要的事，他心裡惦記著這件事，雖然他在接待你，卻是心不在焉。這時你最明智的方法是打住，丟下一個最重要的事而請求告辭：「您一定很忙，我就不打擾了，過一、兩天我再來！」

如果在交談過程中突然響起敲門聲、電話鈴聲，這時你應該主動中止交談，請上司接待來人、接聽電話，不能聽而不聞滔滔不絕地說下去，使老闆左右為難。

當你再次談話希望聽到所託之事已經辦妥的好消息時，卻發現上司受託之後儘管費心不少，但並沒圓滿完成甚至進度很慢。這時難免心急，可是你應該將到了嘴邊的催促化為感謝，充分肯定上司為你作的努力，然後再告之以目前的處境，以求得理解和同情。

◆上司說話時不抬頭，不看人。這是一種不良的徵兆——輕視下屬，認為此人無能。

◆上司從上往下看人。這是一種優越感的表現——好支配人、高傲自負。

◆上司久久地盯住下屬看——他在等待更多的資訊，他對下級的印象尚不完整。

◆上司友好、坦率地看著下屬，或有時對下屬眨眨眼——下屬很有能力、討他喜歡，甚至錯誤也可以得到他的原諒。

◆上司的目光銳利，表情不變，似利劍要把下屬看穿——這是一種權力、冷漠無情和優越感的顯示，同時也在向下屬示意：你別想欺騙我，我能看透你的心思。

◆上司偶爾往上掃一眼，與下屬的目光相遇後又往下——如果多次這樣做，可以肯定上司對這位下屬還不瞭解。

◆上司向室內凝視著，不時微微點頭——這是非常糟糕的信號，它表示上司要下屬完全服從他，不管下屬們說什麼，想什麼，他一概不理會。

此外，在和上司打交道時，對其眼、手的觀察，能夠讓我們洞悉其內心。

◆上司雙手合掌，從上往下壓，身體起平衡作用——表示和緩、平靜。雙手叉腰，肘彎向外撐，這是好發命令者的一種傳統肢體語言，往往是在碰到具體的權力問題時才做的姿勢。

◆上司坐在椅子上，將身體往後靠，雙手放到腦後，雙肘向外撐開——這固然說明他此時很輕鬆，但很可能也是自負的意思。

◆食指伸出指向對方——是種赤裸裸的優越感和好鬥心。雙手放在身後互握，也是一種優越感的表現。

◆上司拍拍下屬的肩膀——對下屬的承認和賞識，但只有從側面拍才表示真正承認和賞識。如果從正面或上面拍，則表示小看下屬或顯示權力。

◆手指併攏，雙手構成金字塔形狀，指尖對著前方——表示要駁回對方的示意。

不管是生活中，還是職場中，任何人說話都會伴隨體態語言的表述。上司說話也是如此，下屬讀懂上司的體態語言有著非常重要的意義。

05 看懂上司的眼色才能見機行事

人的情緒外露最顯著、最難掩的部分，不是語言，不是動作，也不是態度，而是眼睛，言語、動作、態度都可以掩蓋，而眼睛是無法偽裝的。我們看眼睛，不重大小圓長，而重在眼神。當你與上司談論某件事時，或你向上司提出某種請求時，要學會從上司的眼神判斷事態：

◆眼神沉靜——表明他對於你所認為著急的問題早已成竹在胸，應付之後定操勝算。只要向他請示辦法，表現焦慮即可，如果他不肯明白說，這是因為事關機密，不必多問，只靜待他的通知便是。

◆眼神散亂——這說明對於你所認為著急的問題，他也是毫無辦法，困心焦慮之餘，反弄得六神無主，你徒然著急是無用的，向他請示，也是無用的。

你得平心靜氣，另想應付辦法，不必再多問。

◆眼神橫射，彷彿有刺——表明他對於你是異常冷淡的，如有請求，暫且不必向他陳說，陳說反而顯得你不知趣、不識相，應該從速借機退出來，即使多逗留一會兒也是不適合的，退而研究他對你冷淡的原因，再謀求恢復感情的途徑。

◆眼神陰沉——你應該明白這是上司兇狠的信號，你與他交涉須得小心一點。他那一隻毒辣的手正放在他的背後伺機而出。如果你不是早有準備想和他見個高低，那麼最好從速鳴金收兵。

◆眼神流動異於平時——這暗示著他胸懷詭計，想給你苦頭嘗嘗。這時應步步為營，不要輕近，前後左右都可能是他安排的陷阱，一失足便跌翻在他的手裡。他是個詭而不正的人，不要過分相信他的甜言蜜語，這是鉤上的餌，是毒藥外面的糖衣，要格外小心。

◆眼神似在發火——他此刻是怒火中燒，怒氣極盛，如果不打算與他決裂，應該表示可以妥協，速謀轉機。否則，再逼緊一步勢必引起搏鬥，作正面的劇烈衝突了。

◆眼神恬靜，面有笑意——表明他對於某事非常滿意。你要討他的歡喜，不妨多說幾句恭維話，你要有所求，這也是個良好機會，相信一定比平時更容易滿足你的希望。

◆眼神四射，魂不守舍——說明他對於你的話已經感到厭倦，再說下去必無效果，你不如趕緊告一段落，或乘機告退，或尋找新話題，談談他所願聽的事。

◆眼神下垂，頭向下傾——這說明他是心有重憂，萬分苦痛。你不要向他說得意事，你的得意事反而會加重他的苦痛，也不要向他說苦痛事，因為同病相憐越發難忍，你最好說些安慰的話，並且從速告退，多說也是無趣的。

◆眼神上揚——這說明他是不屑聽你的話，無論你的理由如何充分，你的說法如何巧妙，還是不會有高明的結果，不如戛然而止，退而求接近之道。

總之，眼神有散有聚，有動有靜，有流有凝，有陰沉，有呆滯，有下垂，有上揚，仔細參悟之後，則上司心情暴露無遺。

06 大多數老闆不希望員工離他太近

毅宏正在為工作上的事情鬧心。他的同學育志被提升為部門經理，這讓毅宏感到一些變化：「我想不明白的是，自從他當上了專案經理，就刻意疏遠了我。平時安排專案，也不直接跟我說，經常是讓別人轉告我，好像在迴避我。我有時候找他談點事情，他都不願意跟我多說，經常用『要開會』來搪塞我。升了職就端起架子來了，你說有這必要嗎？」

這讓毅宏感到很不爽：「你說這人怎麼這麼奇怪？真是『官升脾氣漲』啊，才當上部門經理幾天，就開始對我指手畫腳？你說這種人怎麼這麼淺薄和無聊啊？」

毅宏和育志其實私交很好。育志能進入這家公司還是毅宏幫的忙：「我們是同時向這家公司投簡歷的，但是公司先簽了我，那時育志還沒有接到面試通知呢。我倆關係那時候是真不錯，我就向公司的長官推薦了他，後來他也通過面試，簽了約。」

「幫忙談不上，只是說了一句話而已。這人心啊，還真是隔肚皮呢。就說這育志吧，我們剛到單位的時候，都是小兵小卒，那時他跟我很好。我倆租一間房子，做什麼都在一起。上班的時候在一起討論技術上的問題，下班了一起做飯洗衣，就跟在大學裡一樣。」

儘管對育志當上部門經理後的表現越來越不滿，但毅宏還是在努力在維持兩人的關係。他依然以前一樣跟他討論專案，邀他一起吃飯，無論任何場合繼續稱兄道弟。殊不知，「稱兄道弟」不注意場合才是問題的根源。

朋友提醒他：「在工作場合裡，他已經成為了上司，你就應該注意自己的說話方式。他最需要的是下屬尊重他、服從他，承認他的權威，而不是跟他稱兄道弟。既然你可以跟他稱兄道弟，那其他的同事是否也可以呢？所有的人都跟他平起平坐了，那他還領導誰？這些你有沒有考慮過？」

朋友說：「即便你們私交很好，在辦公室裡，你還是應該尊重他。在職場上只有上司，沒有兄弟。你們之後在私人場合裡才是兄弟。事情就是這樣。」毅宏想了一下，點了點頭。

毅巨集所碰到的情況並不是職場上的個案。在工作場合，不要輕易與上司稱兄道弟。育志和毅宏曾是同學，又是在一起共事多年的同事，如果育志直接告訴毅宏「我現在是部門經理了，不要跟我稱兄道弟了，我們還是保持一點距離吧」，這樣的做法無疑會讓雙方感到尷尬，一個成熟的人是不可能這麼做的。

那怎麼辦呢？既然做了上司，當然要有個上司的樣子，跟下屬拉開距離也是理所應當的，不然何以建立威信？何以樹立形象？但是偏偏以前的朋友不識趣，沒辦法，只好自己主動跟他拉開距離了。

從育志的立場上來看，他這麼做也是合情合理的。毅宏自己不明白他與育志的友誼是有「場合性」的，他不理解此刻的育志身分不一樣了，想法自然要發生轉變，作為部門經理，他考慮更多的是顯示權威，樹立他的經理形象，讓他以後的工作順利開展，而不是跟毅宏搞好私人關係。這就是育志為什麼故意疏遠毅宏的深層原因。

在工作中，特別是在較為民主的工作環境中，上級沒有什麼官架子，往往表現得很親民，甚至時常帶下級出席重要的場合，或是下班後一起去休閒娛樂。很多下級因為和上司關係親密而沾沾自喜。殊不知，跟上司過於親密，有好處的同時也有風險。因為上下級關係過於親密，下級極其容易模糊了上下級的界限，進而在無意中冒犯了上司，自己卻毫無覺察。

這種情況在年輕人身上尤其明顯，年輕氣盛，一般不相信權威，只相信能力，相信絕對的公平。但是職場畢竟是職場，是一個利益糾結的地方，與上司交往，最好保持八小時的友誼，不要超越這個界限。否則，不管你的能力有多強，你也可能因跟上司處理不好關係而影響自己的職場命運。

如果你的上級對待下級的方式非常民主，他願意聆聽下級的意見，願意與下級平等地溝通交流，尊重下級的意見和人格；如果你的上級性格溫和、平易近人，在很多時候讓人覺得是同事而不是高高在上的領導人；如果你的上級非常器重你，經常帶你出席各種社交場合；如果你的上司在升職之前曾和你私交甚密……那麼，你千萬不要得寸進尺。

與上級保持適度的距離對你有百利而無一害，而超越這個界限則會給你帶來不必要的煩惱。如果你曾經是或正在成為上級的密友或哥兒們，你更應該掌握好尺度。要是你常常當著其他人的面與上級稱兄道弟，以顯示出你與上級的特殊關係，那麼如果有一天他對你相當冷落，甚至避而不見，你就要知道那都是因為你沒有掌握好尺度造成的，怨不得別人。

你要相信再民主的上級也需要一定的威嚴，即需要一定的上級形象。當眾與上級稱兄道弟很可能會降低上級的威信，損害上級的形象，進而導致上級的命令得不到很好的貫徹執行。當上級發現他的工作越來越難做，而你卻是損害他威嚴的「元兇」時，你的結局很可能是被上級疏遠或者被迫離開。

所以，作為下級，還是與上級保持一定距離為好，你不知道哪一天你們之間會因利害關係出現裂痕。記住，上級起用你絕不是為交朋友，而是為了讓你為他服務。

07 上司最討厭有人冒犯他的權威

不尊重自己的上司，或者說冒犯他的權威，實際上就是在和自己過不去。當你與上司相處時，必須小心謹慎、不得馬虎和隨便。因為有時候，才幹和成績只是晉升中的某些因素，與上司的關係往往是決定的因素。

若上司說往東，部屬卻偏偏往西，那麼這部屬是不會有什麼好下場的。一個公司要想發展，就得團結行事；如果七嘴八舌，各行其事，肯定難以辦成大事。上司身為公司的主要決策者，其權威不容受到部屬的挑戰，雖然有時也會拿某個計畫方案與部屬討論，但並不意味著「民主」。民主無論何時何地都有限度，更何況是在公司裡，上司會有其必要的「獨裁」。

這時候，明智的部屬會瞭解上司的真實目的，如果這種方案已經被上司決定採用，徵求部屬的意見就只是例行公事，或希望得到肯定性的支持，部屬就不要反駁，最好舉手贊成或提出補充意見讓其更加完善；如果你否定這方案的話，很可能上司已經把你列入「黑名單」了。

假如因為上司的短見與固執，造成了公司的經營持續幾個月不景氣，在經營討論會上，你看到上司依然不能聽取大家的意見，而且有意向管理層隱瞞自己的失誤，你忍無可忍，拍案而起，指責上司的種種不是，同事們為你的勇氣驚訝。你也自認為這樣做是為了公司的利益，沒有什麼個人恩怨摻雜其中。並且看到上司在大家的注視下，臉色十分難看，牙齒緊緊地咬著嘴唇，以為上司可能開始悔悟了。其實，這時你已經在上司心裡埋下仇恨的種子。在以後的工作中，將會遇到很多無形的阻礙。這是極不明智的行為。

上司管下屬，是制度和公司管理的必然。如果情況倒轉過來，下屬爬到上司頭上發號施令，就不光會被人指責為「以下犯上」，並且會使公司無法正常運轉。畢竟，世界上沒有萬能的人，每個人都有失誤的時候。身為下級的你，對上司的失誤，絕對不能當面數落，一定要維護他的威信。否則，你猶如虎口拔牙，儘管你出於好心替他拔了那顆「病牙」，老虎也會因疼痛難忍，對你咆哮。

一定要記住，如果你的確對上司有意見，上司本來就看不上你，你也打算破罐子破摔，吵鬧完一走了之，也可理解。但如果本是出於好心，想替「老虎」拔掉「病牙」，卻不善表達，或者一時激動拍了桌子，與上司發生爭吵，那就大失其策了。與上司傷了和氣，壞了感情，再想挽回、彌補可就難上加難了。

但是長久地處於職場中，難免有時會「得罪」上司，這可能是你自己造成的，也可能是對方引起的。但不管誰是誰非，「得罪」上司無論從哪個角度來說都不是件好事。如果你不小心「得罪」了上司，不要急於向人傾訴，也不要指望得到人們的理解，最好的辦法是自己清醒地理清問題的癥結，找出合適的解決方式，使自己與上司的僵化關係軟化。

只要你還沒想調離或辭職，就不可陷入僵局，否則在這樣的環境裡工作你不僅不愉快，而且還可能會影響你的前程。所以你有必要提醒自己不可一時衝動，而要理智地處理，為自己留有轉圜的餘地。

不論是出於何種原因「得罪」了上司，我們心裡總是不愉快的，難免產生些情緒，尤其是錯在上司而自己受了委屈的時候。這時總想向人傾訴自己心裡的委屈。並且往往選擇了所工作的圈子，向同事訴說。這樣做的結果其實並不好，他們不願意介入你與上司的爭執，又怎能安慰你呢？他們也不忍心說你的不是，往你的傷口上撒鹽。看著你與上司的關係陷入了僵局，一些同事為了避嫌，不使上司誤會為自己與你串通在一塊對他說三道四，反而會疏遠你，使你愈發變得孤立起來。

你應當做的是要消除你與上司之間的隔閡。因為你還要與上司相處，受其領導，如果相互之間心裡存有敵意，總會給你的工作和今後的發展帶來負面的影響。所以最好自己主動伸出「橄欖枝」，給上司一個體面的臺階下。

如果是你錯了，就要有認錯的勇氣，找出分歧的癥結，向上司作解釋，表明自己會以此為鑒，希望繼續得到上司的關心；假若是上司的原因，在較為寬鬆的時候，以婉轉的方式，把自己的想法與對方溝通一下，無傷大雅地請求上司寬宏，這樣既可達到溝通目的，又可為他提供一個體面的臺階下。

你還可以利用一些輕鬆的場合來化解和上司之間的隔閡。比如會餐、聯誼活動等，向上司問好、敬酒，表示你對他的尊重，上司自會記在心裡，消除或淡化對你的不滿。

其實，保持良好的心態，別將上司理想化最重要，他（她）也是一個與你一樣的普通人，同樣承擔著各種壓力，多從他的立場上考慮，你們之間自然會建立和諧的氛圍。

08 搶上司風頭有可能會被砍頭

避免搶過主子的風頭。所有的優勢都令人嫌惡；臣子淩駕君王的優越不僅愚蠢，還會致命。

天空中的繁星給我們上了一課：它們或許和太陽相關，而且和太陽一樣閃耀，但是絕對不會和太陽一起出現。

在十六世紀末期的日本，當時茶道風靡貴族階層，統治者豐臣秀吉非常寵愛首屈一指的茶藝家千利體，他是豐臣秀吉最信任的諮議之一。千利體不但在皇宮裡有自己的寓所，其為人也獲得全日本的尊崇。

然而在一五九一年，豐臣秀吉下令逮捕他，並且判處死刑。不過最後千利體自己結束了生命。後來人們發現千利體命運驟變的緣由，是這位成為朝廷新貴的鄉下人千利體，為自己製作了一座穿著木屐（貴族的表徵）儀態傲慢的木頭雕像，並將這座雕像放置在宮內最重要的寺院裡，讓經常會經過的王族清楚看見。

對豐田秀吉而言，這件事意味著千利體做事沒有分寸，以為自己和最上層的貴族享有同樣的權力；他已經忘記他的地位完全仰賴幕府將軍，反以為自己是憑一己之力贏得榮寵，這是千利體對自己的重要性不可寬貸的誤判，為此他付出了生命為代價。

千萬不要以為自己的地位是理所當然的，也千萬不要讓任何榮寵沖昏了頭。永遠不要異想天開，以為上司喜愛你，你就可以為所欲為。受寵的部屬自以為地位穩固，膽敢搶過主子的風頭，終至失寵的事例簡直是罄竹難書。

老闆之所以要當老闆，極大程度上有一種「衣錦榮歸」的出風頭的欲望在內。那麼有表現的時候和場合，不要忘了將上司推到前面。

有些部屬不懂得迎合上司的這種微妙心理，而是自己把老闆的「鋒芒」搶去，臉是露了，可是上司卻不會給你好臉色看。

所以明智的部屬，應懂得如何適時地把自己的功勞歸於老闆。雖然這樣做會有委屈自己和逢迎拍馬之嫌，但有什麼辦法呢？誰讓你是部屬而他是老闆呢？做老闆當然要光彩奪目，而部屬相比之下自然應黯淡些，如果不是如此而是相反，那老闆自然容不下你。

比如，你的穿著裝扮比老闆更勝一籌，把別人的目光都吸引到你這邊而忽視了老闆，你想老闆心中會舒服嗎？更有甚者，某些人眼光拙劣，把做部屬的當作老闆，卻把老闆當作隨從，那老闆肯定把你打入冷宮。因為一般人心目中，老闆應是穿得比部屬名貴些、有型些、漂亮些。

特別是同性之間，做部屬的穿著比老闆還豪奢名貴，那老闆必定很不舒服。尤其是女性上司，女性都對服飾特別重視，別人不經意間的讚揚或批評，都能讓其特別看重。如果你的老闆很講究服裝儀表，做部屬的也要注重服飾的整潔得當，但不要搶了老闆的風采；如果你的老闆不太看重服飾，那你在穿著上「過得去」便行了。

又比如，在公眾場合搶著說話也不太適合。當部屬和老闆出現在公眾場合，老闆不太愛說話而部屬卻又滔滔雄辯，引得眾人的賞識和掌聲，那這位部屬離大去之期當不遠矣。

在這些公眾場合，你把別人的目光都吸引到你這裡，把老闆的「風頭」都搶光了，老闆能不嫉妒你嗎？所謂言多必失，做部屬只能「屈居第二」，附和著老闆做些補充即可。

當然，特殊情況又另當別論了，比如：商品展銷會、業務洽談會上，老闆不善言辭時就需要部屬做適當的補充了。

再比如，你的人緣很好，工作能力強，但如果有些同事在老闆面前太過表揚你，說你的才華超過老闆。說這種話的同事也許是真糊塗，也許是別有用心的假糊塗，此時你就得小心了。

老闆希望部屬個個精明能幹，能獨當一面；但又不希望部屬比自己強，這是一種很微妙的心理。總括來說，有出風頭的機會應儘量留給老闆，千萬別做「搶」風頭的蠢事。

對於上司職責範圍內的事情，無論你本人多麼有能力，也絕不可擅自做主，私下處理，抹了上司的面子。如果你比上司聰慧，就要表現出相反的樣子，讓他看起來比你聰明幹練。你可以故作天真，使表面上看起來你更需要他的經驗，有時還可故意犯一些無傷大雅的錯誤，才有機會尋求他的協助；上司們可是非常珍愛這樣的請求。

如果身為上司無法恩賜他的經驗於下屬，他可能就會賞給你他的憎恨及惡意。如果你的點子比上司的想法更富創意，盡可能以公開的姿態將這些點子劃歸他名下，讓大家都看清楚，你的建議不過是對他的意見的迴響。

如果你的機智勝過他們，則扮演弄臣的角色也無妨，但要記住別讓他與你相比之下顯得一板一眼無生趣。必要時，隱藏你的幽默感，找出方法讓上司看起來才是散播歡笑、鼓舞士氣的人。

如果你天生就是人緣好、慷慨大度，小心不要成為遮蔽他光華的那片烏雲，因為他必須看起來是每個人圍著打轉的太陽，散發著權力與光輝，是眾人注目的核心。

如果你想要擠進取悅他的位置，表現出左支右絀的窘態可以贏取他的同情。

若你還是想要以優雅和霸氣令他印象深刻，恐怕你都會為此付出代價。

掩飾長處是一種人生智慧，這樣做也許會讓其他人搶盡風頭，但可好過成為他人不安全感下的犧牲品。到時當你決定脫穎而出，你早就已占盡了有利條件。讓上司在其他人的眼裡更加光芒四射，那麼你肯定就是福星，能夠迅速獲得晉升。

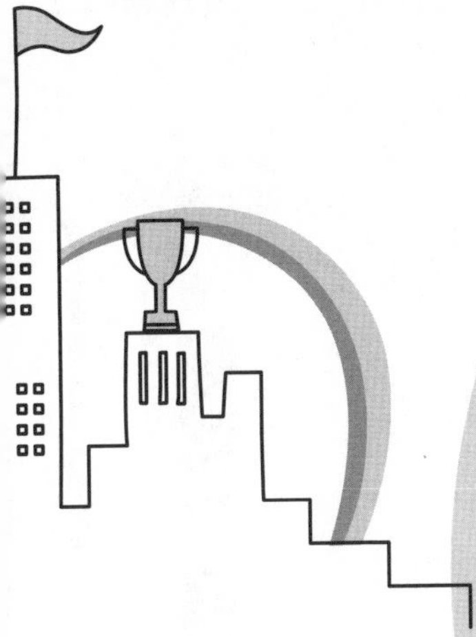

Chapter 5

下屬不達標，一定是你的錯

01

你就是成為領跑的獅子

領導者只有成為榜樣，才能促進團隊成長。領導者若是一隻獅子，即便它領導的是一群羊，它的團隊速度也一定比別的羊群快很多。

一九四二年，第二次世界大戰進行得如火如荼。隨著戰爭局勢的變化，盟軍與德軍的戰場逐漸轉移到北非。盟軍最優秀的將領之一巴頓將軍意識到自己的部隊可能無法適應北非酷熱的氣候。一旦移師北非，盟軍士兵的戰鬥力就有可能隨著酷熱的天氣而減弱。

戰爭不會隨著人的意志而轉移，擺在盟軍面前的只有一條路：那就是適應。為了讓部隊儘早適應戰場變化，巴頓建立了一個類似北非沙漠環境的訓練基地，讓士兵們在四十八度的高溫下每天跑一英里，而且只給他們配備一壺水。巴頓的訓練演說詞就是：「戰爭就是殺人，你們必須殺死敵人；否則他們就會殺死你們！如果你們在平時流出一品脫的汗水，那麼戰時你們就會少流一加侖的鮮血。」

雖然人人都意識到戰爭的殘酷性，但酷熱的天氣還是讓許多士兵暗地裡抱怨不已。巴頓從不為訓練解釋，他以身作則，和士兵們一樣在酷熱的環境中堅持訓練。當士兵們看到巴頓每次都毫不猶豫地鑽進悶罐頭一樣的坦克車中時，再多的怨言也只能變成服從。

顯然，巴頓把自己當做是普通的一個士兵，在這個角色上，他以完美的職業軍人精神樹立了典範，起到了榜樣作用。在巴頓的帶頭作用之下，整個軍隊的訓練進行得非常順利。正是有了這樣的訓練，在隨後的北非戰場上，巴頓的部隊迅速適應了沙漠環境，以較小的代價一舉擊敗德軍，取得重大勝利。

企業也就是軍隊。其領導者也必然是像巴頓將軍一樣，成為榜樣，才能促進團隊成長。偉大的公司必然是一個積極的、開放的、溝通順暢的組織，這些優秀的組織更趨向於積極地經營、管理和運用員工的天才和潛能。他們將許多精力放在識別員工的潛力方面，根據他們的個體差異，有針對性地提供專門培訓，竭盡全力促進他們成長。更為重要的是，這些組織的領導者會以身作則，成為下屬學習的榜樣，使自己成為他們的火車頭。

榜樣的力量是無窮的。戴爾公司作為全球第一大ＰＣ廠商，對於其創始人邁克爾．戴爾來說，他的事業做得這麼大，公司發展這麼好，還有必要努力提升和發展自己嗎？很多人肯定認為不需要。但事實上，邁克爾的態度卻截然相反，他甚至會真誠地與全公司所有幹部一起討論他在領導方面存在的問題。他把自己的不足擺在檯面上，成為大家學習的負面案例。對戴爾公司的所有員工來說，他是當之無愧的學習榜樣。由於他的榜樣作用，傲慢自大的領導風格、「沒什麼需要提高的」等言論在戴爾公司變得沒有市場。

一九四九年，惠普創始人之一、三十七歲的大衛．帕卡德參加了一次美國商界領袖們的聚會。他在發言中說：「對於一家公司而言，比為股東賺錢更崇高的責任是對員工負責。企業的管理層，尤其是企業的老闆應該承認他們的尊嚴。」他認為，那些參與創造公司財富的人，也有權分享這些財富。

年輕的帕卡德在如此高端的場合發表這種言論，很多人認為不合時宜，甚至一度引起商界前輩的嘲笑。在那個老闆總在私人辦公室發號施令的年代，帕卡德的觀點在當時的那些大老闆眼裡，即使算不上「神經病人的觀點」，也充滿了不可理喻的色彩。帕卡德後來回憶說：「我當時既詫異又震驚，因為在場的人沒有一個贊同我。顯然，他們認為我是異類，而且沒資格管理一家重要的企業。」

一九四九年的惠普是企業新秀，在美國商業界引起矚目。惠普的辦公室文化更為引人注目。和他的觀點一脈相承的是，帕卡德與惠普的工程師們一起，在開放式的工作間裡辦公。這是他尊重員工及下屬的體現。他的理念是與人為友，他認為自己首先是一個惠普的人，其次才是CEO。在他的榜樣作用下，惠普的管理層不僅為人謙恭，而且創造了一種奉獻式的企業文化，這種文化日後成為強有力的競爭武器，使惠普公司的利潤連續四十年攀升。這就是領導人榜樣的力量。

02 請果斷地拿起獵槍對準手下

拿破崙有句名言：「一頭獅子帶領的一群羊，能打敗一頭羊帶領的一頭獅子。」

有一次，他在打獵的時候，看到一個大男孩不小心落入激流的河水中，那個男孩一邊拼命掙扎，一邊高呼救命。雖然這條河水並不是很深，拿破崙的隨從中也有游泳高手，但他制止了大家準備下河救人的舉動。

拿破崙拿起獵槍，瞄準落水者，大聲喊道：「你若不自己爬上來，我就打死你。」那個大男孩見求救無用，面對隨時都有可能射出子彈的獵槍，更加拼命地奮力自救，終於游上了岸。這個大男孩在兩年後加入了拿破崙的部隊，成為一名驍勇善戰的士兵。他對別人說：「不是我善戰，是拿破崙逼著我必須跑起來。」

業管理者應該善於推動團隊進步，讓團隊成員跑起來。尤其是面對那些自覺性比較差的員工，一味地為他創造良好的軟環境、去幫助他，對他不會產生絲毫的幫助。相反，應該讓他感受到壓力，這樣才能激發他們成長的動力。

即便是自覺性強的員工也有滿足、停滯、消沉的時候，也有依賴性。偶爾利用你的權威給他們壓力，會及時制止他們消極散漫的心態，幫助他們認清自我，激發他們發揮出自身的潛力，重新激發新的工作鬥志。

曾經有一個男孩問迪士尼創辦人華特：「你畫米老鼠嗎？」聽到這個問題，華特明確地回答：「不，不是我。」「那麼是你負責想所有的笑話和點子嗎？」小男孩追問。「沒有。這也不是我的工作。」華特接著回答。男孩百思不得其解，又問，「迪士尼先生，你到底都做些什麼呢？」華特笑了笑回答：「我是一個充氣筒，給每個人打打氣，我猜，這就是我的工作。」

華特揭示了企業管理者的真正角色：教練、老師，也可能是班長。企業管理者要能激勵員工士氣，傳授員工經驗，解決員工的問題，能令員工折服，必要時還得自己跳下來打仗。要讓「有能力－有意願」的人，死心塌地跟著主管打拚，並且激勵「有能力－沒意願」的成員、提升「有意願－沒能力」的成員，這是團隊領導者最大的挑戰。「建立一個成功的團隊」是團隊領導者的核心職能。

示範和榜樣的力量是無窮的，但是很多管理者很困惑，我在處處傳授經驗，進行幫助呀，為什麼部下的效率卻越來越差。需要管理者反省的是，因為你的榜樣已經演變成了事必躬親，並且處處按照自己的操作過程來要求你的每一個下屬，時間長了，什麼事情你都做了，下屬自然輕鬆地等著你自己來。

身教並不是自己一直要帶著做下去，是階段性的和創新性的。只有在有新工作時才需要加以示範、引導。在多數工作時間裡，需要下屬自主完成。經由親身實踐，他們才能成長。在員工提升能力過程中，企業管理者的主要工作就是推動他們，讓他們跑起來。只有他們跑起來，企業的發展速度才能高起來。

03 做足細節，讓員工心情愉悅

如果一個企業大部分員工長期都在不快樂的狀態下工作，首先是他們的工作主動性，即創造力和變革能力都會喪失掉，進而沒有自己的想法。員工沒有活力給企業帶來的直接影響就是這個企業整個的創造力、革新能力都受到損害。

一位失敗的企業家在總結企業為什麼失敗時這樣寫道：「員工是公司的命脈，不注重這個命脈，不使員工因為工作而感到快樂，員工就會使企業因為失敗而感到不快樂。」

這不是繞口令。一位銷售總監因為不注重領導方法，致使團隊成員意見很多，工作情緒不高，當年這個團隊的業績跌到歷史最低。後來，他反思了自己的領導方法，並真誠地做出了很大改變。

他說：「這個改變的結果，是使自己不論是與員工的交流還是與家人的交流，能夠真的靜下心來聽他們說什麼，透過不斷的聽與問，幫助他們從中發現問題，從而使他們自己找到解決問題的答案和方法，提高了他們的能力，使他們有了成就感，更加感受到了一種被關注和尊重，因而激發了他們的工作熱情和主動負責任的意識」。

因為他的改變，團隊的工作氛圍發生了根本性變化，大家愛上了公司，愛上了工作，業績一下子從最低谷直接升到歷史最高峰。

微軟就是特別注重工作氛圍的企業，比爾．蓋茲深知工作氛圍的重要性，他將微軟工作氛圍的建立放在兩個方面。首先是舒適的工作環境，這包括了自然環境和人文環境。微軟的研究所被稱為「campus」，這與「大學校園」的英文單字是一樣的，也正是微軟自然環境的真實寫照。在微軟的研究所內，不僅擁有大量鮮花、草坪的園區，還有美麗的比爾湖，籃球場、足球場更充滿校園氣氛。舒適的自然環境，造就了微軟優雅的工作環境，同時也成就了微軟員工的高效率工作。

第二方面就體現在人與人之間的工作交流上。微軟的做法很有特色。比爾．蓋茲認為，交流是一切溝通的核心，是解決問題的有效途徑以及團隊精神的體現。在微軟中，最典型的溝通方式是「白板文化」。「白板文化」是指在微軟的辦公室、會議室，甚至休息室都有專門的可供書寫的白板，以便隨時可記錄某些思想火花或建議。這樣一來，有任何問題都可及時溝通，及時解決。白板文化不僅使員工充分得到了尊重，而且使交流成為一種令人賞心悅目的藝術。

看著美麗的風景，享受著舒適的環境，感受著輕鬆自在的工作氣圍，員工們自然心情愉悅，工作的效率得到大大提高。比爾．蓋茲曾說過：「我們有意營造一種校園般的感覺，這樣會讓員工產生親切感和歸屬感，為他們創造一個舒適、親切的工作氛圍」。他甚至將微軟的總部直接稱呼為「微軟校園」。

一家玻璃公司的CEO克里斯．赫納設立了「夏威夷日」，每三個月一次，讓員工在辦公室裡享受「海灘假日」，幫助員工減輕壓力。在這一天，員工們可以穿上夏威夷式的花襯衫，戴夏威夷花冠，喝雞尾酒。快樂帶來的成果是驚人的，自從設立了夏威夷日後，他們的銷售量從原來的五％上升到了二十五％。

哈佛大學一項調查研究證實：員工滿意度每提高三個百分點，顧客滿意度就能提高五個百分點。人在客觀上是不可能不受情緒影響的，當一個人的情緒處於「樂起來」的狀態，就能充分調動他的主觀能動性，以積極的姿態受領任務及飽滿的熱情投入工作。所以，優秀的管理者一定要學會如何使你的員工快樂起來。

04 放權有利於員工潛能開發

在工作中，有的管理者為了管理好員工，讓他們按照自己的意圖去做事，就對員工的一舉一動都橫加干涉，企圖讓員工完完全全地按照自己的思維意識去工作，殊不知這樣嚴重地影響了員工的主觀性和創造性，即使能夠保證完成任務，但是卻大大壓抑了員工的思想意識，束縛住了員工的手腳，最後造成員工工作壓力加大或人才流失。

其實，不管你從事什麼行業，想要成功，管理者都必須創造出一種使員工能有效工作的環境。作為一名管理者，要正確地利用員工的力量，充分地相信自己的員工，給予他們充分的創造性條件，讓員工感覺到領導者對他的信任。士為知己者死，一個員工一旦被委以重任，必定會產生責任感，為了讓上司相信自己的才幹和能力去努力達到目標。

所以，作為一名管理者，只要能掌握方向，提出基本方針即可。至於細節問題，則應該讓員工放手去做。這樣不僅員工的潛能得到自由發揮，而且員工還能感到管理者對他的信任，進而達到更加顯著的效果，使他們為公司作出更大的貢獻。

一個大型酒店的老闆，因酒後肇事被判入獄三年。這位老闆只信任他的一位吹長笛的朋友，於是將酒店交給這位朋友經營。吹長笛的朋友上任第一天，見到的基本都是碩士、博士等酒店管理人員，他們對這位只會吹長笛的代理老闆很不屑，說：「你一個吹長笛的懂什麼，憑什麼管理這個酒店？」這位長笛老闆回答：「我是不懂什麼，我只懂如何讓一群自己認為什麼都懂的人幫我賺錢！」

這個回答很經典。企業的管理者沒必要什麼都懂，他只需懂一件事：如何放權給最合適的人。這位長笛老闆知道自己該做什麼、會做什麼，他把酒店的各項業務交給最有能力的人來負責，他整日好像什麼都不用做，但是酒店卻經營得很好，並沒有因為老闆入獄而出現衰退。放權，讓這家酒店持續行駛在正確的航道上。

美國達納公司成為《幸福》雜誌按投資總收益排列的五百家公司中的第二位，雇員三萬五千人。取得這一成績的主要原因是作為該公司總經理，麥斐遜善於放手讓員工去做，以調動人員的積極性，提高生產效率。一九七三年，在麥斐遜接任該公司總經理後，首先就廢除了原來厚重的公司政策指南，以只有一頁篇幅的宗旨陳述取而代之。

很多人反對他這樣做，有人覺得有風險，畢竟政策指南是隨著公司發展累積下來的，對公司業務的開展有著很好的指導作用。甚至有人當面對麥斐遜說：「你不要期望所有的員工都像老闆那樣自覺工作。」麥斐遜依然堅持自己的做法，在他的眼裡，每個員工都是值得信任的。

他發佈的那份宗旨簡潔幹練，大意如下：「面對面地交流是聯繫員工、激發熱情和保持信任的最有效手段，關鍵是要讓員工知道並與之討論企業的全部經營狀況；制訂各項對設想、建議和艱苦工作加以鼓勵的計畫，設立獎金。」

麥斐遜的放手讓員工以自己各種方式保證了生產率的增長。他曾經一針見血地指出：「高級領導者的效率只是一個根本的標誌，其效率的高低，直接與基層員工有關。基層員工本身就有講求效率的願望，領導者要放手讓員工去做。」

管理者的授權可以營造出一種信任，讓企業的組織結構扁平化，更能促進企業全系統範圍內有效的溝通。權力的下放可以使員工相信，他們正處在企業的中心而不是週邊，他們會覺得自己在為企業的成功作出貢獻，積極性會達到空前的高漲。得到授權的員工知道，他們所做的一切都是有意義、有價值的。這樣會激發員工的潛能，使他們表現出決斷力，勇於承擔責任並在積極向上的氛圍中工作。在這樣愉悅、上進的氛圍中，員工不需要透過層層的審批就可以採取行動，參與的主動性增強了，企業的目標會很快得到實現。

05 學會為員工的進步喝彩

領導者的能力之一在於善於發現下屬的優點，並且最大限度地激發下屬發揮他們的優點。所以，一個高明的領導者對自己的每個下屬都應該瞭若指掌，當他們利用優點取得進步時，真心的為他們高興並祝賀。

通用電氣公司董事長傑克．韋爾奇曾是某一個下屬集團公司的主管經理，這個公司外購成本過高一直是韋爾奇十分頭痛的事情。後來，他只是在他的辦公室裡裝了一台特別電話，問題便得到了非常圓滿的解決。

這部特別電話對外不公開，專供集團內每個採購代理商使用，只要某個採購人員從供應商那裡贏得了價格上的讓步，他就可以直接打電話給韋爾奇。而且全體採購人員確信，無論韋爾奇當時正在做什麼，是在談一筆上百萬美元的業務還是跟祕書聊天，他一定會停下手頭的事情接電話，並且高興地說：「這真是太棒了，天大的好消息，你竟能把每噸鋼材的價格壓下來兩角五分！」然後他會馬上坐下來起草給這位採購人員的祝賀信。

無獨有偶，日本桑得利公司董事長信志郎是一個善於激勵員工的人。他的一些出人意料的激勵方式常常讓員工們感到十分愉快。

他曾把員工一個個叫到董事長辦公室發獎金，常常在員工答禮完畢，正要退出的時候，他叫道：「請稍等一下，這是給你母親的禮物。」說著，他就給員工一個紅包。待員工表示感謝，又準備退出去的時候，他又叫道：「這是給你太太的禮物。」

連拿兩份禮物，或者說拿到了兩個意料之外的紅包，員工心裡肯定是很高興的，鞠躬致謝，最後準備退出辦公室的時候，接著又聽到董事長大喊：「我忘了，還有一份給你孩子的禮物。」第三個意料之外的紅包又遞了過來。

真不嫌麻煩，四個紅包合成一個不就得了嗎？可是，合在一起，員工會有意外之喜嗎？信志郎真是太「狡猾」了，其實他並沒有多花一分錢，就收買了員工的心。

當下屬完成工作任務時，要真心誠意地感謝他們，這可以讓他們的工作進行得更加順利。因為他們是可敬的，也是值得感謝的，能做到這些，怎麼能不激發出下屬的工作潛能呢？不僅如此，在相反的情況下，總經理也應該做到包容和鼓勵自己的員工。我們知道，如果一個人不管出了什麼小錯誤，總是挨訓，他的情緒一定會大受挫折，信心也會在不知不覺中喪失殆盡。一旦一個人精神上委靡不振之後，就算有高超的才能也是難以發揮出來的。因此，領導者如果能以欣賞的眼光來觀察下屬的優點，那麼下屬會因受人尊重而振奮，對上司交付的工作，也能愉快地去完成。如此，不但能激發員工的工作效率，甚至能在公司內部挖掘出優秀的人才，這對任何公司來說都是大幸。

從領導者的角度來看，絕不能自炫才能和智慧，要知道個人的才能畢竟是有限的。有些人喜歡讚揚下屬的優點，有些人則喜歡挑出別人的缺點，比較之下，往往是前者的工作推行得較為順利，業績也不會太差，而那些好挑剔下屬的上司則正好相反。由此可見，唯有懂得如何欣賞下屬，善於挖掘他們潛力的人，才能領導更多的人。

對於穩定型性格的下屬，要著重培養其剛毅、富有自信的精神，對其弱點則多加保護，不宜在公開場合下指責，不宜進行過於嚴厲的批評，可以透過鼓勵他們多參加團體活動，培養友愛精神，增強他們的自信心。

對奔放型性格的下屬，要著重培養他的熱情和生氣勃勃的精神，對其弱點的批評、幫助要有耐心，要容許他有考慮和做出反應的足夠時間。

對於堅定型性格的下屬，則要多培養他的自制能力和堅持到底的精神，不要輕易激怒他，可以對其進行有說服力的批評。

對於下屬的過錯，如果是經過慎重的決策和艱苦的努力之後，因為某些不能控制的因素而失敗，即使出現大筆虧損，也不要去責備下屬，而應該去安慰他、鼓勵他，使他鼓足信心，迎難而上，反敗為勝，將功抵過。成功的領導者往往不會拘泥小節而忽略大事，用人亦是如此，領導者對部下的缺點應詳加瞭解，但不可斤斤計較，重點在於發揮他們的優勢，挖掘他們的潛力，這才是真正積極的管人方法。

06 企業管理者要學會愛公司員工

企業要學會愛，最主要的體現是企業管理者要學會愛公司的員工。員工跟企業的關係不僅僅是物質上的雇傭與被雇傭關係，還應是和諧、共同發展的「友誼關係」。維繫這種「友誼」的紐帶就是企業要給員工一種「企業就是家」的感覺。企業管理者把員工當做自己的親人一樣看待，在融洽的合作氣氛中，讓員工自主發揮才能為企業貢獻自己最大的力量，創造最好的效益。

英國克拉克公司是一家小公司，它的業務只不過是為顧客給草坪施肥、噴藥。但它的經營思想、管理方針卻十分獨特，許多專家稱它是唯一一家真正體現「愛的思想」的公司。正是這種「不合常規」，強調「愛」的經營思想和方式，使公司獲得了成功：克拉克公司創業時只有五名員工，兩輛汽車，到了十年之後，已有五千名員工，年營業額達到三億英鎊。

公司創始人克拉克的老父親傳給公司一個信條：「員工第一，顧客第二，這樣做，一切都會順利。」克拉克公司一直堅持這個信條，對員工如同家裡人一般，對使用者盡心盡力提供服務。在克拉克公司，噴藥、施肥的工人被尊敬地稱為「草坪養護專家」，是公司裡最為重要的人。

老闆克拉克關心工人，是發自內心的感情，而不是裝腔作勢或沽名釣譽。一次，杜克提出購買一個廢船塢，想把它改建為公司職工的免費度假村。公司高級財務管理人員經過細計算，發現這個計畫超過了公司的實際支付能力，他們費了好大勁，才說服杜克放棄這個購買行動。

可是沒過不久，克拉克又要在一片沙灘上修建職工度假村，財務人員再次勸阻了他。後來，杜克瞞著公司高級管理人員，買下一艘豪華遊艇，讓員工度假。又包了一架大型客機，讓員工去國外旅遊。

事後，主管負責財務的副總裁說：「克拉克要我簽字時，根本不知道我是否付得起這筆錢！可是當我看到那些從未坐過飛機的工人，上飛機時的表情後，我再也無話可說。」在克拉克眼裡，員工開心他才會開心。

愛的精神是愛你的顧客、愛你的員工，盡心盡力使他們滿意。同樣，沃爾瑪領導人不無感慨地說：企業誰是第一，顧客！但是要想讓沃爾瑪的所有顧客都當成上帝的話，我們就必須善待和尊重我們的員工。「愛出者愛返，福往者福來」。

07 人性化考察消除員工恐懼

提到考核，很多員工都會心裡莫名地恐懼，原因是因為員工對考核結果毫無知情，結果的不確定性使其內心不安。作為企業組織，對員工進行績效考核是必須的。但是，一個讓員工恐懼的績效考核方案，首先就失敗了一半。員工在恐懼心理的作用下，是沒有創新力和戰鬥力的。

只有不科學的績效考核會使員工感覺企業是不留情面、榨取自己血汗的冰冷的機器，而卓越的績效考核制度是原則和靈活相結合的，它始終是人性化的，是合情、合理、合法的，它給員工的感覺是溫暖如春，是可以成就自我價值的。

員工績效排名方式曾被認為最有效、具有人性化的考核制度之一。作為美國通用電氣公司的前首席執行官傑克．韋爾奇特別善於使用員工績效排名。他把員工依照績效排出名次，如果倒數一〇％的員工工作表現在接受培訓後依然無法改觀，那就可能面臨被解雇的危險。

韋爾奇對於那些落後的員工，並不是粗暴地砍掉，而是為他們制訂成長計畫。員工績效排名使通用電氣的員工表現非常突出，他們面對的不是業績壓力，而是自己的成長壓力，只有自己不斷進步，才能避免使自己成為隊尾的人。

其實，績效排名只是一種考核方法，評估員工績效還有更好的方法，企業管理者只要能夠設計出讓員工對工作結果負責的、資訊溝通管道暢通、以工作表現為基礎的薪酬報酬機制，能夠在機制運行過程保證公平、公開、透明、人性化，公司便可以達到期望的管理效果。

國內某食品公司就是建立了一套新穎的員工績效評估方法。每年年初，公司的近萬名員工都要根據自己的工作內容制定出八到十二個工作目標。領導者和員工討論這些目標後，一同為這些目標排序。企業管理者會全年評估追蹤員工在這些目標上的表現，並且在必要的時候提供協助。年底考核，員工的績效便以這些工作目標的重要程度及完成程度為基礎。

績效考核的人性化，是把員工作為績效管理的主人來看待，而不是一味地當成暗箱操作的對象。要把員工當成績效管理的主人，企業的制度設計就得把持續溝通的思想融入整個績效管理的過程中，以提高員工的績效為目的。

英國一航空公司在員工績效考核方面，突出了領導者的作用。該公司將員工績效分為「不及格」、「及格」、「良好」、「優秀」、「卓越」五類，主管將員工績效分類後，不對員工進行評比或者排名，而是給予具體的評述和建議。

該公司認為，員工績效考核能否成功，直線經理是最為關鍵的一點，因此公司會對公司的管理者進行員工績效評估能力的培訓。與此同時，對於員工績效表現的各個類別，公司透過嚴謹研討後進行嚴格定義。直線經理在評估員工時，必須嚴格按照定義的客觀標準進行考核。

無論什麼樣的績效考核方式，人性化是最為重要的。對於企業管理者來說，只有制定越來越人性化的績效考核，才會削弱員工莫名的恐懼，使員工昂揚奮進。當未來變成員工一種美好的願景，當考核結果成為一種誘人的果實，那麼

Chapter 5
下屬不達標，一定是你的錯

考核就不再是約束和批評，而是激發人們潛能，成就人們價值的興奮劑，人們會積極美好地去摘取這一勝利的果實。

無論什麼崗位，工作態度一定納入考核。很多成功的企業家都非常重視員工的工作態度，NTL公司總裁羅伯特．威爾茲說過：「在公司裡，員工與員工之間在競爭智慧和能力的同時，也在競爭態度。一個人的態度直接決定了他的行為，決定了他對待工作是盡心盡力還是敷衍了事，是安於現狀還是積極進取。」GE公司前CEO傑克．韋爾奇說過：「在工作中，每個人都應該發揮自己最大的潛能，努力地工作而不是浪費時間尋找藉口。要知道，公司安排你這個職位，是為了解決問題，而不是聽你關於困難的長篇累牘的分析。」

微軟公司董事長比爾．蓋茲也說過：「如果只把工作當做一件差事，或者只將目光停留在工作本身，那麼即使是從事你最喜歡的工作，你依然無法持久地保持對工作的激情。但如果把工作當做一項事業來看待，情況就會完全不同。」

其實，不管是公司還是企業，都不能容忍缺乏幹勁，缺乏工作熱情的員工存在。對於工作態度這一點，日本經濟界泰斗土光敏夫有著獨到的見解。從他長年從事的經營管理工作中他深刻地體會到：「人們能力的高低強弱之差固然是不能否定的，但這絕不是人們工作好壞的關鍵，而工作好壞的關鍵在於他有沒有做好工作的強烈欲望。」

有一位著名管理學者總結出這樣一個公式：「一個人的工作績效＝工作態度＋工作能力。」因為公司既然招聘了你，那說明你是有能力的，所以在這個公式裡工作能力是恆大於零的。至於工作態度我們可以把它分為積極、消極、負面三種，在這個公式中我們可以分別把它定義成不同的值，積極的態度是大於零，消極為等於零，負面的態度小於零。把這些值套進上述公式，就很容易發現工作的態度與一個人的工作績效有多麼緊密的聯繫。

我們常說「態度決定一切」。如果一個人工作態度不端正，不會自我反省，缺乏責任心，那麼他無論如何也不會成功。個人的成功需要一種全心全意地敬業精神，企業發展也需要有敬業精神的員工。所以，把工作態度納入考核之中是非常必要的。

08 讓員工愛上工作才能獲得好績效

讓員工愛上自己的工作，充分享受工作中的快樂，是成功管理一個企業的關鍵。全球著名的五百強企業之一，美國天然氣與電力公司的創建者、前首席執行官鄧尼斯．巴奇，經由自己寫的《快樂地工作》一書，闡述了個人獨到的見解。

尼斯．巴奇認為，作為企業管理者，必須對為自己服務的員工滿懷愛心，要善於鼓舞員工的士氣，適時給員工以讚揚，在員工做出成績後向員工公開地、及時地表示感謝，也要定期組織一些聯歡活動，使員工們品嘗成功的喜悅。因為在關愛員工的過程中，經常需要放棄自己的個人休息時間，所以對管理者本人，這可能是一種犧牲，但這也是上司的責任之一。

有這樣一個故事：

很久以前有一個富翁要去世了，臨死之前他準備分財產，看著兩個兒子，富翁出了一道題，並且說：「你們倆誰答對了，財產就歸誰。」

兩個兒子聽後摩拳擦掌，迫不及待地等著父親的題目。見兒子的注意力很集中，富翁說道：「我的題目是，怎樣讓狗愛吃辣椒？」

大兒子聽完，馬上不假思索地說：「這還不簡單？抓住狗，把牠的嘴掰開，塞進辣椒就可以了！」

富翁聽完搖了搖頭說：「不能這樣做啊，絕不能使用暴力，要知道『暴力越重反抗越大』，你就不怕狗反過來咬你一口嗎？」

二兒子想了想說：「我把辣椒弄碎，包在肉裡面，狗喜歡吃肉，這樣就吃到辣椒了。」

富翁聽了臉上有了笑意，說道：「你說的方法不錯，但是，狗只會上當受騙一次，還會受騙第二次嗎？況且用欺騙的手段，也不是長久之計啊！」

這樣說完，兩個兒子都急切地問：「那父親大人有什麼更好的方法呢？」

富翁剛要說出答案，沒想到一口痰噎在喉嚨窒息而死，給兩個兒子留下了一個謎。

聽完這個故事，你能想到一個不錯的建議嗎？後來，有人給出一個標準答案：「可以把辣椒擦在狗的屁股上，當牠感到火辣疼痛的時候，牠就會自己去舔掉辣椒，並為能這樣做而感到高興。」

而富翁的大兒子和二兒子的方法，無形之中是讓狗嘴裡的辣味增加，而且是越吃越痛苦，其實這個故事也會給企業管理者提供很大的啟示，依照大兒子的方法，就是用最簡單、最直接、最有效的方法，用強制的方法讓員工做事，但是這樣做無疑會導致的結果就是——員工可能會反過來反抗你！二兒子的方法是講究利益驅動，在讓員工做事前對他說：「你認真做事，我就給你報酬、職位、更高的獎金。」這樣做的效果是不錯，但有些領導者因企業制度改革，所以最後不會太信守承諾，於是員工被騙過一次二次之後，這種方法也就無效了。

現代社會，員工越來越懂得維護自己的利益，企業也在努力找激勵祕方，怎麼樣讓員工愛上自己的工作，並全身心地投入工作中，這可能是作為老闆的你要思考的，而員工激勵永遠是企業管理者的一個永恆主題，在關注員工工資的同時，關注其取得的成就、領導者與同事的認可、工作內容的豐富化等，這樣就可以使你的員工愛上自己的工作！

09 下屬有怨氣，要疏不要堵

美國芝加哥郊外的霍桑工廠，是一個製造電話交換機的工廠。這個工廠建有完善的娛樂設施、醫療制度和養老金制度等，但員工們仍憤憤不平，生產狀況也很不理想。為了探求原因，美國國家研究委員會組織了一個由心理學家等各方面專家參與的研究小組，在該工廠開展了一系列的試驗研究。這一系列試驗研究的中心課題是生產效率與工作物質條件之間的關係。

這一系列試驗研究中有一個「談話試驗」，即用兩年多的時間，專家們找工人個別談話兩萬餘人次，並規定在談話過程中，要耐心傾聽工人們對廠方的各種意見和不滿，並做詳細記錄，對工人的不滿意見不准反駁和訓斥。

這項「談話試驗」收到了意想不到的效果：霍桑工廠的產量大幅度提高。

這是由於工人長期以來對工廠的各種管理制度和方法有諸多不滿，無處發洩，「談話試驗」使他們的這些不滿都發洩出來，進而感到心情舒暢，活力倍增。社會心理學家將這種奇妙的現象稱為「霍桑效應」。

霍桑試驗的初衷是試圖透過改善工作條件與環境等外在因素，進而提高勞動生產效率。但是，透過試驗人們發現，影響生產效率的根本因素不是外因，而是內因，即工人本身。因此，要想提高生產效率，就要在激發員工積極性上下工夫，要讓員工把心中的不滿一吐為快。

霍桑工廠的「談話試驗」之所以會提高工作效率，主要原因就是它正好切合了人內心的某些潛在的心理特點。

當管理者們深切地領悟了「霍桑效應」的妙處之後，就立即不失時機地應用到自己的管理中。比如，設立「牢騷室」，讓人們在宣洩完抱怨和意見後，全身心地投入到工作中，也因此讓工作效率大大提高。

近年來，法國出現了一個新興行業——運動消氣中心，僅巴黎就有上百間。出此創意的人大都是學運動心理專業的，他們認為運動可以解決人們的心理問

Chapter 5

下屬不達標，一定是你的錯

題，尤其是心情積鬱等諸多問題。每個運動中心都聘請專業人士當教練，指導人們如何透過喊叫、轉毛巾、打枕頭、捶沙包等行為進行發洩。也有的透過心理治療，先找出「氣源」，再用語言開導，並讓「受訓者」做大運動量的「消氣操」。這種「消氣操」也是專門為這項運動設計的。

總之，出於種種原因，你的下屬可能滿懷怨氣，那麼，身為領導者，有必要恰當地讓下屬消解心中的怨氣。至於具體的方法，可以參考下面兩種：

1. 主動自責

誰都有犯錯的時候，不要以為自己是領導者就高高在上，當自己說錯話，做錯事不妨主動承認自己的錯誤，只有這樣才能讓員工消解怨氣，讓自己樹立威信。

當下屬因為你過激的批評而心懷怨氣時，能主動找到下屬，作真誠的自責，實際上就是傳達一種體貼和慰藉，責的是自己，慰的是下屬。這有利於在對方本已緊湊的心理空間開闢出一塊「緩衝地帶」，讓命令得以執行，工作能夠順利地開展下去。

2. 曉以利害

下屬與上司的不同之處在於，上司除了關心自己的利益之外，更應該關心單位的整體利益，而下屬卻有權關注自己的切身利益勝過關注整體利益。因此，對下屬說話應該常記住「曉以利害」這一技巧，當他們對某件事有與單位上司不同的想法時，作為上司的你就應該明智地對他們做一番權衡利弊的分析，只有讓他們覺得你的決定才是真正有利於他們切身利益的時候，他們才會真心地消除不滿，轉而支持你的工作。

當下屬心懷怨氣的時候，單純勸導難以起到真正的作用，只有把他們心中的「怨結」打開，才能讓他們豁然開朗。

10 激勵能讓企業思想變為行動

在企業管理當中發生的很多現象都令人深思：在和部屬的溝通和交流中，你一定會聽到很多類似的話：「經理，宇宙公司的王總脾氣真怪，我去三次了，他都不搭理我。」「總是這些事情，總是這些人，我感覺自己沒有一點提高。」「經理，您讓我去做的事情看來是沒戲唱了，我們公司實力不強，搶不贏人家啊！」……

聽了這些話，作為管理者的你有沒有想過，為什麼會出現這樣的情況呢？為什麼過去幾個小時就可以完成的事，現在一天也完不成呢？為什麼獎金的設立本來是為了激勵員工鬥志和鼓舞他們積極性的，可是發了獎金反而引起了更多糾紛呢？為什麼以前的員工二話不說就勤懇的做，現在卻總是談條件呢？

其實這些情況發生的時候，說明你的員工對目標失去信心，前進的動力不足，他們不再像以前一樣慷慨激昂了！他們需要你為他們鼓舞士氣，需要你的激勵讓他們動起來！

威廉．詹姆斯是美國哈佛大學的教授，經過研究他發現，在缺乏激勵的環境裡，員工的潛力只發揮出五分之一，而在良好的激勵環境中，同樣的員工可以發揮出其潛力的五分之四，甚至百分之百。可見，在企業管理中，每一位員工都需要被激勵。

事實上，每一個企業都有自己的激勵機制，可是很多企業的激勵機制都起不到成效，因為激勵是需要變化的，不同的發展階段激勵方式也有所不同，所以不能墨守成規，要想讓你的下屬動起來，就必須掌握激勵的核心。經理在運用激勵武器的時候，一定要深諳激勵之道，熟悉感情、培訓、幫帶、處罰、競爭、獎勵、公正、信任、授權等技巧，並加以綜合運用。

在對員工激勵時首先要瞭解，你部下的工作動力在哪裡？他們為什麼要努力的工作？他們希望工作能給他們帶來什麼？分析了這些後，就可以針對情況靈活運用了。以下是一些讓你的員工鬥志昂揚的方法。

第一，為員工製造一種充滿競爭的氛圍。要知道，在充滿壓力的競爭的氣氛中，有誰會甘居下風、被淘汰呢？

第二，適當地給予員工晉升機會。晉升帶來的除了薪金的上漲外，更多的是給其帶來的責任感、成就感等多方面的滿足。

第三，在員工取得了一定成績時要表達賞識和認同。千萬不要吝惜自己的表揚，然後把他取得的成績讓你的團隊的每一個人知道，然後可以讓他承擔更多的責任。

第四，對於表現好的員工，授給其處理業務更大的權利；當下屬的業務遇到一些困難時，給予信任和其必要的指導、幫助。

第五，要讓員工知道「一分耕耘，一分收穫」，給部屬創造一個公平的競爭環境，做到按勞分配，完善考核機制。

第六，試著給員工改變一下工作內容和形式，以此來激發員工的工作動機，使其工作擴大化和豐富化。

第七，所謂有獎有罰，對員工在工作中出現的錯誤和疏漏，除了☒明其改正行為方式外，還要給予其一定的懲罰，這樣才能阻止他再犯同樣錯誤。

第八，透過培訓提高員工工作技能，拓寬其視野。

第九，注意給予員工情感激勵，以誠相待，做他們的知心朋友和生活顧問。

第十，身教重於言教，企業管理者要起帶頭作用，給予員工行為激勵，要知道，身不正何以令行！

條條大路通羅馬，在具體的管理當中，不同的領導者有不同的管理方針，管理的精髓是要把自己的思想，變成別人的行動，而激勵就是達到管理目的的必要手段。在公司現有的資源基礎上，只要領導者能有整合最大人力資源的潛能，可以用最少的成本創造最大的利潤，那麼就達到了激勵的最佳效果，員工鬥志昂揚，企業怎能不興旺。

11 不給員工安逸的機會

漁夫為了保持沙丁魚的存活率，會在運輸沙丁魚的過程中放入一、兩條鯰魚。鯰魚的加入刺激了沙丁魚，沙丁魚隨時保持著活力，存活率大為提高。這是著名的「鯰魚效應」，在企業的團隊建設中，管理者們要像漁夫那樣，懂得引入「鯰魚」。

「鯰魚效應」的實質是激勵精神，透過激勵產生上進的因素。「鯰魚效應」的作用在於調動大家的積極因素，有效啟動員工工作的熱情和激情，讓員工在刺激作用的驅動下，展現活力，使之更好地為企業的發展服務。

我們知道，當一個人沒有危機感時就會懈怠。一個公司也一樣，如果人員長期固定不變，就會缺乏新鮮感，也容易養成惰性，缺乏競爭力，沒有緊迫感，沒有危機感。只有有了壓力，存在競爭氣氛，員工才會有緊迫感、危機感，才能激發進取心，企業才能有活力。日本的本田公司在這一方面做得極其出色，很多企業爭相效仿。

起初，本田公司並沒有認識到「鯰魚效應」的作用。有一次，本田先生對歐美企業進行考察，發現許多企業的人員基本上由三種類型組成：第一類是不可缺少的精英人才，大約占人員總數的二〇％；第二類是以公司為家的勤勞人才，大約占人員總數的六〇％；第三類是終日吊兒郎當、不愛工作、效率低的人。大約占人員總數的二〇％。與歐美公司相比，本田先生認為在本田公司的人員中，缺乏進取心和敬業精神的第三種人還要多些。這部分創造的價值和公司對他們的付出不符，是扯後腿的人。

那麼如何使前兩種人增多，使其更具有敬業精神，而使第三種人減少呢？這個問題困擾了本田先生很久。他曾想到把這些人完全淘汰，但是仔細思考後，他認為即使把目前這一批人淘汰，新招的人中還會繼續有這樣的一類人。全部淘汰，顯然不是科學的辦法。

本田先生決定進行人事方面的改革，為公司引進一條「鯰魚」。他首先從銷售部入手，因為銷售部經理的觀念離公司的精神相距太遠，而且他的守舊思想已經嚴重影響了他的下屬。如果不儘快打破銷售部只會維持現狀的沉悶氣氛，公司的發展將會受到嚴重影響。經過周密的計畫和努力，本田先生終於把松和公司銷售部副經理，年僅三十五歲的武太郎挖角過來。

武太郎的到來，使本田公司銷售部上下吃驚不小。接任本田公司銷售部經理後，武太郎憑著自己豐富的市場行銷經驗和過人的學識，以及驚人的毅力和工作熱情，受到了銷售部全體員工的好評，員工的工作熱情被極大地調動起來，活力大為增強。公司的銷售出現了轉機，月銷售額直線上升，公司在歐美市場的知名度不斷提高。

應該說，武太郎是一條很好的鯰魚。本田先生對武太郎上任以來的工作非常滿意，這不僅在於他的工作表現，而且銷售部作為企業的龍頭部門帶動了其他部門經理人員的工作熱情和活力。從此，本田公司每年重點從外部「中途聘用」一些思維敏捷的、三十歲左右的生力軍，有時甚至聘請常務董事一級的「大鯰魚」。本田公司隨著不同鯰魚的到來，公司內部再無沉悶之氣，業績蒸蒸日上。

本田公司的事例說明，當一個組織達到較穩定的狀態時，常常意味著員工工作積極性的降低，「一團和氣」的團體不一定是一個高效率的團體，這時候「鯰魚效應」將起到很好的「醫療」作用。一個組織中，如果始終有幾位「鯰魚式」的人物，無疑會啟動員工隊伍，提高工作業績。

如果一個公司缺乏內部激勵機制、競爭機制，就不會擁有富有活力的企業文化、員工就會喪失危機意識。內部鯰魚型人才有以下幾項評考標準：

首先要有強烈的工作熱情和工作欲望；具有雄心壯志，不滿現狀；能帶動別人完成任務。通常，只要賦予其挑戰性的任務和更大的責任，他就能完成更好的業績，並表現出超過其現在所負擔的工作能力；敢於作出決定，並勇於承擔責任；善於解決問題，比別人進步更快。

而為挖掘、尋找企業內部的「鯰魚」，企業可以採取以下幾種有效的管理方法：

推行績效管理，用壓力機制創造「鯰魚效應」，讓員工緊張；在組織中構建競爭型團隊，透過公司內部的評選機制製造鯰魚隊伍；尋找公司的潛在明星並加以培養，透過發現和提升潛在的鯰魚型人才去啟動員工隊伍。透過引進外部「鯰魚」和開發挖掘企業內部「鯰魚」相結合的辦法，企業管理者就能充分利用「鯰魚效應」保持團隊的活力。

12 領導者要懂得帕累托效率準則

春秋時期，魯國非常弱小，有很多魯國人在其他國家淪為奴隸。為了振興國力，魯國國君頒佈了這樣一條法律：如果魯國人在其他國家中遇見淪為奴隸的同胞，可以先把這個奴隸贖回來，回國後國家給予報銷贖金。

孔子有一位學生子貢，家裡比較富裕，他曾多次將淪為奴隸的魯國人贖回，而且事後並不去找國君報銷。子貢覺得自己是在行使老師的仁義，他為此還非常得意。

後來，孔子知道了此事，他卻批評了子貢：「我知道你追求高尚，也不缺錢花，可是這個補償你一定要去領。現在你掏錢救人，受到社會的讚揚。但是從今以後，當別人在國外再遇見淪為奴隸的魯國人時，他就會想我是不是應該去贖人呢？如果贖了人，回國後還去不去找國君要錢呢？不去找國君，自己會損失一大筆錢；如果去找國君，別人又會拿你來譏笑他。這樣一來，他們再看到身為奴隸的魯國人就會裝做沒有看見，你的行為正好是阻礙解救淪為奴隸的魯國人的根源！」子貢聽完老師的話，頓感羞愧。

還有一次，孔子的另一位學生看到有人掉進河裡，於是他把遇難者救上岸來。被救的人為了表示感謝，送給孔子的這位學生一頭牛，學生收下了。孔子對這個學生的行為大加讚賞，因為這會激勵更多的人去救人。

孔子在幾千年前的行為，其實暗合了經濟學原理，這兩件事體現的正是經濟學中的帕累托效率準則。義大利經濟學家帕累托曾針對資源的最佳配置提出了帕累托效率準則：經濟的效率體現於配置社會資源以改善人們的境況，主要看資源是否已經被充分利用，如果資源已經被充分利用，要想再改善就必須損害別人的利益。

根據帕累托的說法，如果社會資源的配置已經達到任何調整都不可能在不使其他人境況變壞的的情況下，使任何一個人情況變更好，那麼，這種資源配置的狀況就是最佳的，是最有效率的。如果沒有達到這種狀態，即任何重新調整而使某人境況變好的，而不是其他任何一個人情況變壞，那麼說明這種資源配置的狀況不是最佳的，是缺乏效率的。

魯國原有的制度其實已經發揮出很好的效果，人們開始積極贖回淪為奴隸的同胞，而子貢做出的這些改變，很可能會破壞這種積極性，進而使魯國已有的制度出現問題。而有人掉落河中，人們積極去救還沒有形成一定的風氣，這個時候就需要進行鼓勵。

在工作中，作為管理者就要合理利用帕累托效率準則。當企業的資源達到最佳狀態時，領導者只需要保持就能實現效益最大化。除了帕累托效率準則外，在企業管理上，義大利經濟學家還給我們帶來了一個帕累托定律。

帕累托在研究了英國人的財富收入後，得出這樣的結論：二〇％的人口享有八〇％的財富，這種不平衡模式在不同時期、不同國度會重複出現。這種不平衡的模式，被人稱為帕累托定律或者八〇／二〇定律。在企業的具體經營管理活動過程中，帕累托定律的重點不在於百分比的精確度，而在於告訴我們：

一個關鍵的誘因和投入，通常可以產生大的結果和產出。

帕累托定律在企業生產中得到了體現：一個企業的的生產效率和未來發展往往取決於少數關鍵性的人物，這些人能偶幫助企業獲取大部分的利潤。多數人為企業的發展作出了貢獻，他們看起來非常忙碌，但並沒有為公司的發展創造什麼價值。

在瞭解帕累托定律後，領導者需要做的就是發現關鍵的少數人，建立有效的收益分配機制，防止關鍵人員流失。發現關鍵員工，進而進行有效的管理與開發，已經成為領導者提高企業核心競爭力需要迫切解決的問題。企業需要透過建立常規制度對員工隊伍狀況進行盤點，採取科學的方法發現關鍵員工，利用考核和測評等手段對員工進行有效評估，找出哪些人是企業實現戰略目標不可或缺的、重要的關鍵人物。

在獎勵手段方面，許多企業實行的是全面薪酬戰略。運用帕累托定律，針對關鍵員工需要量身定做薪酬方案，加大其與普通員工的收入待遇的差距，使關鍵員工既能得到正常的薪資報酬，又同時可以參與分享經營利潤，如實行年薪制。

在長期性方面，則可以透過採用長期激勵方案，經由利益的延遲滿足和長期的利益保障來保留骨幹，實現關鍵員工在企業的持續投入，如在實行年薪制同時，以分紅權、股權和股票期權的形式增加企業的凝聚力。

帕累托定律不僅適用於企業的內部人才管理，同樣適用企業的用戶開發上。顧客中二〇%的「關鍵人物」通常會佔有企業八〇%的產品消費額。如果能保持住這些關鍵人物，你就能確保八〇%的營業額。

瑞典的銀行組織發現給予他們一〇〇%利潤的二〇%顧客對服務不滿意，於是銀行對這些客戶開展特別服務，進而使大客戶增進了與銀行的往來，雖然失去了部分小客戶但銀行的盈利仍不斷攀升。

在海爾公司，企業的管理層幹部每天都必須制定自己嶄新的工作目標，由此不斷地給自己加活。而且職位越高，責任就越重。這正是帕累托定律的體現：企業中占人數二〇%的領導者負有八〇%的責任。一件事出現問題，領導者要負八〇%的責任，具體人員只有二〇%的責任。如果一個部門的工作不好的話，首先是他的部門領導者沒有做好。

對於一些企業管理者來說，往往會認為所有顧客都同樣重要；每一種產品和每一分利潤都一樣好，都必須付出相同的努力；所有機會都有近似價值。而帕累托定律卻指出了在原因和結果、投入和產出、努力和報酬之間存在的這樣一種典型的不平衡現象：八〇％的成績，歸功於二〇％的努力；二〇％的產品或客戶，占了約八〇％的營業額；二〇％的產品和顧客，主導著企業八〇％的獲利。

讀懂帕累托，掌握帕累托定律，領導者在工作中就不要平均地分析、處理和看待問題，在日常的經營和管理中要善於抓住關鍵的少數；要找出那些能給企業帶來八〇％利潤，總量卻僅占二〇％的關鍵客戶，加強服務，達到事半功倍的效果；領導人要對工作認真分類分析，要把主要精力花在解決主要問題、抓主要項目上，其他次要工作分配下去，不能事無巨細，面面俱到。

永續圖書線上購物網 讀品文化事業有限公司

WWW.foreverbooks.com.tw

yungjiuh@ms45.hinet.net

思想系列 74

職場贏家：只有更好，沒有最好

編　　著　王信華
出 版 者　讀品文化事業有限公司
執行編輯　呂志榮
美術編輯　林鈺恆

總 經 銷　永續圖書有限公司
TEL／(02)86473663
FAX／(02)86473660
劃撥帳號　18669219
地　　址　22103　新北市汐止區大同路三段 194 號 9 樓之 1
TEL／(02)86473663
FAX／(02)86473660
出 版 日　2018年11月

法律顧問　方圓法律事務所　涂成樞律師
CVS代理　美璟文化有限公司
TEL／(02)27239968
FAX／(02)27239668

國家圖書館出版品預行編目資料

職場贏家：只有更好,沒有最好! / 王信華編著.
-- 初版. -- 新北市：讀品文化, 民107.11
面；　公分. -- (思想系列；74)
ISBN 978-986-453-085-4(平裝)
1.職場成功法
494.35　　107015944

職場贏家：只有更好，沒有最好 （讀品讀者回函卡）

■ 謝謝您購買本書，請詳細填寫本卡各欄後寄回，我們每月將抽選一百名回函讀者寄出精美禮物，並享有生日當月購書優惠！
想知道更多更即時的消息，請搜尋"永續圖書粉絲團"

■ 您也可以使用傳真或是掃描圖檔寄回公司信箱，謝謝。
傳真電話：(02) 8647-3660 信箱：yungjiuh@ms45.hinet.net

◆ 姓名： ☐男 ☐女 ☐單身 ☐已婚
◆ 生日： ☐非會員 ☐已是會員
◆ E-Mail： 電話：( )
◆ 地址：
◆ 學歷：☐高中及以下 ☐專科或大學 ☐研究所以上 ☐其他
◆ 職業：☐學生 ☐資訊 ☐製造 ☐行銷 ☐服務 ☐金融
☐傳播 ☐公教 ☐軍警 ☐自由 ☐家管 ☐其他
◆ 閱讀嗜好：☐兩性 ☐心理 ☐勵志 ☐傳記 ☐文學 ☐健康
☐財經 ☐企管 ☐行銷 ☐休閒 ☐小說 ☐其他
◆ 您平均一年購書：☐ 5本以下 ☐ 6～10本 ☐ 11～20本
☐ 21～30本以下 ☐ 30本以上

◆ 購買此書的金額：
◆ 購自： 市(縣)
☐連鎖書店 ☐一般書局 ☐量販店 ☐超商 ☐書展
☐郵購 ☐網路訂購 ☐其他
◆ 您購買此書的原因：☐書名 ☐作者 ☐內容 ☐封面
☐版面設計 ☐其他
◆ 建議改進：☐內容 ☐封面 ☐版面設計 ☐其他
您的建議：

剪下後傳真、掃描或寄回至「22103新北市汐止區大同路三段194號9樓之1讀品文化收」

廣告回信
基隆郵局登記證
基隆廣字第 55 號

2 2 1-0 3

新北市汐止區大同路三段 194 號 9 樓之 1

讀品文化事業有限公司　收

電話/(02)8647-3663　傳真/(02)8647-3660

劃撥帳號/18669219　永續圖書有限公司

請沿此虛線對折免貼郵票或以傳真、掃描方式寄回本公司，謝謝！

讀好書品嘗人生的美味

職場贏家：只有更好，沒有最好